世 界 之 窗
Window Scape

[日]东京工业大学　冢本由晴研究室　编

雷祖康　刘若琪　许天心　译

中国建筑工业出版社

YKK AP株式会社以窗文化创造为目标，
与国内外的大学及有识之士通力合作，
开展跨领域的"窗学"研究活动。

本书以"窗的行为学"（2007-2009年）为题，以东京工业大学
冢本由晴研究室的窗学研究成果为基础，整理并出版发行。

温德米尔的鲍内斯镇（Bowness on Windermere）| 英国

杜布罗夫尼克（Dubrovnik）｜克罗地亚

普罗奇达（Procida）｜意大利

斋沙梅尔（Jaisalmer）| 印度

伊斯坦布尔（Istanbul）｜土耳其

西塘｜中国

米克诺斯（Mykonos）| 希腊

金泽｜日本

萨拉热窝（Sarajevo）｜波斯尼亚·黑塞哥维纳

目　录

1. 光与风

汇聚之窗 　35

瓜尔达住宅 / 勒托斯卡克塔 / 加伦·卡雷拉博物馆 / 圣玛利亚布罗旅馆 / 彼拉多住宅的楼梯厅 / 苏丹艾哈迈德清真寺 / 莉丝别墅

弥漫之窗 　51

凯马坎勒的历史保护住宅 / 安纳比别墅 / 艾斯特别墅 / 立野榻榻米商店 / 听秋阁二楼 / 塞纳特赛罗市政厅 / 巴拉干住宅的书房 / 墨西哥国立自治大学中央图书馆

蚀刻之窗 　69

维拉斯宫 / 阿尔罕布拉宫的外事使节厅 / 艾维勒斯珠宝公司 / 巴拉干住宅的客房 / 朗香教堂 / 黄色之屋 / 圣保罗庞皮亚厂房

光之空间 　85

埃斯特拉旅馆 / 普列切尼克住宅 / 摄影师之家 / 包豪斯 / 圣埃里亚幼儿园 / 蒂亚戈·里维拉与弗瑞达·卡洛工作室 / 巴拉干住宅的休息室 / 卢奴甘伽别墅的客房

阴翳之窗 　105

会安住宅 / 听秋阁前室 / 南山谷韩屋 / 品纳瓦拉的佛教寺庙 / 尼贡波的住宅 / 帆船酒店 / 黄金宫

拂风之窗 　121

风之宫的东墙面 / 马六甲博物馆 / 弗兰西斯·弗住宅 / 退思园 / 弗莱其·佩琪住宅 / 天堂路艺廊咖啡馆 / 罗马路的住宅 / 夏日住宅

庭院之窗 　139

湖滨别墅的庭院 / 风之宫的庭园 / 卢奴甘伽别墅的庭院 / 卢奴甘伽别墅的北露台 / 清风池馆 / 塞里奥宫的庭院

2. 与人相伴

劳作之窗 157

旧桥上的托齐商店 / 巴斯考塞维奇银器工坊 / 拱廊街书店 / 日用品杂货铺 / 科斯色拉咖啡屋 / 裁缝店 / 特产品商店 / 华厦餐馆 / 辣炒年糕餐馆 / 蛇王芬饭店 / 维德薄饼屋 / 凡威斯坦便捷意大利咖啡屋

穿越之窗 183

瓦伦饰品店 / 市场 / 瓜尔达的住宅门厅 / 卢奴甘伽别墅的餐厅 / 平纳瓦拉佛寺 / 同里的住宅 / 堡卡社会保障性住房

歇坐之窗 201

布莱克威尔宅的白屋 / 红屋 / 水石书店 / 布莱克威尔宅的主厅 / 布莱克威尔宅的餐厅 / 爱斯诺咖啡屋 / 穆塔奇亚的历史保护住宅 / 恩诺特卡咖啡屋 / 周边咖啡屋 / 圣彼得教堂 / 阿尔罕布拉皇宫的梅苏亚尔宫 / 爱尔兰墨菲酒吧的吧台 / 爱尔兰墨菲酒吧的客座 / 罗伦佐咖啡馆 / 维吉斯意式咖啡馆

安眠之窗 233

凯马坎勒历史保护住宅的起居室 / 巴斯顿谷民宿 / 塔拉之家 / 斯里布哈撒旅馆 / 亚瑟与伊冯·博伊德艺术中心 / 流水别墅 / 比拉多之家的庭院

观景之窗 249

拉索迪亚酒吧 / 湖滨别墅的卧室 / 迪巴帕拉的住宅 / 蓝色城市的住宅 / 帕特旺奇哈维利住宅 / 百吉饼宫咖啡馆 / 圣灵广场的住宅 / 解救大众巷8号 / 喜瑞纳斯旅馆

3. 交响诗

连排之窗 273
瑞龙寺 / 待云庵 / 湖心亭茶馆 / 格拉斯哥艺术学院 / 湖滨别墅的起居室 / 划船俱乐部 / 圣保罗大学 / 春草庐

层叠之窗 291
南山谷韩屋 / 怀华楼 / 临春阁 / 福隆新街的餐馆 / 西迪布塞的住宅 / 莱昂纳多7号住宅 / 达万扎蒂宫的寝宫 / 工厂业主联合会总部 / 阿威罗大学图书馆 / 商学院图书馆 / 狩猎之屋 / 拉夫·厄斯金的住宅兼办公室 / 萨观德尔达罗酒店 / 国家图书馆

窗中之窗 321
奇埃奥莱拉海湾的住宅 / 史考提路的住宅 / 卡扎内·瓦希洛村的住宅 / 达万扎蒂宫的大厅 / 菲涅尔烘焙坊 / 蓝鸟咖啡屋 / 印度管理学院的宿舍办公室 / 印度管理学院的海曼特D1010室 / 埃西里科住宅 / 埃克赛特公共图书馆 / 特拉尔潘的住宅 / 风之宫的楼梯间 / 风之宫的主立面

专栏

杰弗瑞·巴瓦 ⋯⋯⋯⋯⋯⋯⋯⋯⋯⋯⋯⋯⋯⋯ 102
适合斯里兰卡气候、风土特性的生活与建造

鲁道夫·奥加提 ⋯⋯⋯⋯⋯⋯⋯⋯⋯⋯⋯⋯⋯ 152
借助历史文物复兴传统文化的建筑创作

克里斯多夫·亚历山大 ⋯⋯⋯⋯⋯⋯⋯⋯⋯⋯ 198
经验源自内在时间的积累

伯纳德·鲁道夫斯基 ⋯⋯⋯⋯⋯⋯⋯⋯⋯⋯⋯ 268
普罗奇达的整体性与建筑天堂

Window Scape－Window Behaviorology ⋯⋯⋯⋯ 24

调查地及气候·宗教分布图 ⋯⋯⋯⋯⋯⋯⋯⋯⋯ 28

窗之海岸线 ⋯⋯⋯⋯⋯⋯⋯⋯⋯⋯⋯⋯⋯⋯⋯ 30

示例说明 ⋯⋯⋯⋯⋯⋯⋯⋯⋯⋯⋯⋯⋯⋯⋯⋯ 31

卷首照片解说　街之窗 ⋯⋯⋯⋯⋯⋯⋯⋯⋯⋯ 348

调研人员与调研地 ⋯⋯⋯⋯⋯⋯⋯⋯⋯⋯⋯⋯ 350

WindowScape

Window Behaviorology　　　　　　　　　　　　冢本由晴

为什么要观察窗边的"行为（behavior）"

批量生产盛行的二十世纪，形成一种特定的时代逻辑。为了维持产品的合格率，标准化生产的程度越来越高，一切不利于产品生产的因素被排除在外。然而对于生产而言，多余、费事的部分，却包含了众多有助于人们感知世界的事物。特别是在建筑构件中，产品化率相对最高的窗户，集中了最为丰富的"行为"。窗的作用本来是为了打通内外关系，即在围合（Inclosure）的墙上开一个口子——打破围合（Disclosure）。倘若在社会生产的逻辑下，将窗仅仅视为零部件，窗的意义就再次被局限在狭隘的定义之中。原本应该打破界限的窗，被束缚在"部件"的概念里。与此相反，从"行为"的角度定义窗户，意味着将目光转向照进室内的阳光、吹入的风、温暖的窗边和倚靠窗边的人，还有街上的行人和庭院的绿色等与窗相邻的事物，在这样的关系中找到窗的位置。如果不将窗本身与众多相邻的"行为"同时考虑，即更加宽阔地捕捉窗的概念的话，便无法真正感知窗的丰富意义，也无从创作窗户。通过将窗放置在众多"行为"关系的中心，便可从束缚事物于"部件"概念的"生产的逻辑"，转向体现相联事物价值的"经验的逻辑"之中。本书这样思考的目的，是要重新发现近代建筑理论中被严重低估的窗的价值。

注：原文中大量出现「ふるまい」（behavior）这个词，为了方便读者辨别，统一翻译为"行为"。实际上根据各自语境，可理解为"动作"、"行径"、"姿势"、"氛围"、"需求"等意思。behavior是冢本由晴著述中非常重要且频繁出现的概念，这里不仅指人的行为、动作，也指以更快或更慢的时间尺度变化的事物，如自然界中风、光、水的动作，再如建筑或本书涉及的窗的"行为"。

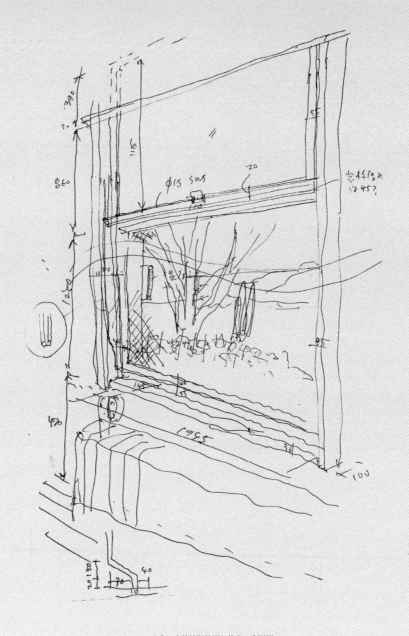

瑞典，史特纳斯的夏日住宅　实测图

世界各地的窗

我们通过测绘、采访等方式，对世界各地的窗户进行了调研，本书将带领读者观察在这些窗户周边聚集的"行为"。比如在窗边，有合乎自然规律的风、光、水、热等的"行为"；倚靠在温暖通风的地方，开关窗户的人的"行为"；还会有多组窗户沿街排列，组成单个窗户所不能创造的复杂韵律或图案，再将其呈现于城市空间的窗自身的"行为"。无论是什么窗户，都会或多或少地包含这些"行为"。换句话说，人们正是通过强化或弱化其中特定的"行为"，有意识地创造窗户的特征。我们通过对比世界各地的窗户，归纳出了这些窗的特征。在创作实践中，若能演绎这些特征，便可以以窗为起点，拓展对相联事物的想象力，也可成为创作窗户的全新出发点。

实践并富有诗意的

窗，在主动回应当地的气候环境、社会习俗、宗教礼仪、建筑功能等因素的同时，也在借由聚集在窗边的"行为"，给予我们从"客体事物的逻辑"接触世界的想象力。通过这种想象，我们似乎能够体验到"物我一体"的诗意世界，这个世界远远超出自身的感知范围。我们在窗既具实践性，又能触发诗意想象的秉性中，感受到超越窗的、事物的本质。

注1：文中的"实践"指哲学意义上的实践。即人们能动地改造和探索现实世界一切客观物质的社会性活动。这里指窗的样式能动地反映当地的气候环境、社会习俗等因素。
注2："客体事物的逻辑"，指人们想象自己变成了风、雨等聚集在窗边的"行为"，并从风的吹动、雨的滴落等"客体"角度思考事物。

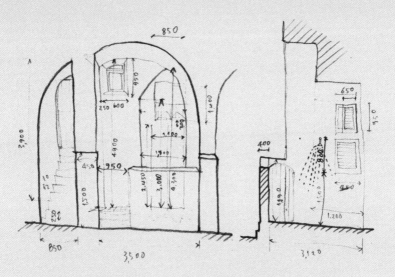

意大利，普罗奇达岛（Procida）的奇欧雷拉（Chiaiolella）住宅　实测图

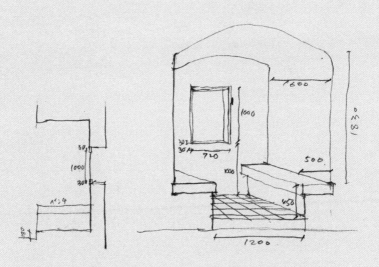

克罗地亚，萨格勒布（Zagreb）的勒托斯卡克（Lotrscak）塔　实测图

调查地及气候·宗教分布图

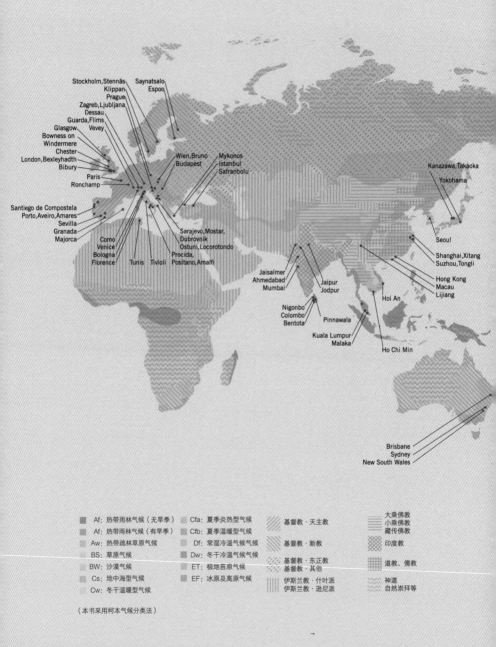

Stockholm,Stennäs Saynatsalo
Klippan Espoo
Prague
Zagreb,Ljubljana
Dessau
Guarda,Flims
Glasgow Vevey
Bowness on
Windermere
Chester
London,Bexleyhadth
Bibury
Paris
Ronchamp

Wien,Bruno Mykonos
Budapest İstanbul
Safranbolu

Kanazawa,Takaoka
Yokohama

Santiego de Compostela
Porto,Aveiro,Amares
Sevilla
Granada
Majorca
Como
Venice
Bologna
Florence Tunis Tivloli

Sarajevo,Mostar,
Dubrovnik
Ostuni,Locorotondo
Procida,
Positano,Amalfi

Jaisalmer
Ahmedabad
Mumbai
Jaipur
Jodpur
Hoi An

Seoul
Shanghai,Xitang
Suzhou,Tongli
Hong Kong
Macau
Lijiang

Nigonbo
Colombo
Bentota Pinnawala

Kuala Lumpur
Malaka
Ho Chi Min

Brisbane
Sydney
New South Wales

Af: 热带雨林气候（无旱季） Cfa: 夏季炎热型气候 基督教·天主教 大乘佛教
Af: 热带雨林气候（有旱季） Cfb: 夏季温暖型气候 小乘佛教
Aw: 热带疏林草原气候 Df: 常湿冷温气候气候 基督教·新教 藏传佛教
BS: 草原气候 Dw: 冬干冷温气候气候 印度教
BW: 沙漠气候 ET: 极地苔原气候 基督教·东正教 道教、儒教
Cs: 地中海型气候 EF: 冰原及高原气候 基督教·其他
Cw: 冬干温暖型气候 伊斯兰教·什叶派 神道
伊斯兰教·逊尼派 自然崇拜等

（本书采用柯本气候分类法）

窗之海岸线

在调研工作开始的第一年，我们是从严寒、沙漠这类气候极端的地方入手，收集窗户的案例并挑选调研地点。然而调研进行到一定阶段，我们发现对相邻地区的窗户进行横向比较，更有助于把握窗户的相似性与微妙差异。另外，因为我们对近代建筑师如何改良传统窗户也抱有极大的兴趣，所以我们开始着重挑选那些体现历史新旧的窗户。结果，这类窗户集中在交通要塞或是港湾等温暖宜居的沿海地区，并作为窗户类型最为丰富的区域浮现出来。这些地方是世界上人口最密集，同时又是城市化率较高的地区。我们发现这些地区的窗户，除了具有调节内外关系等实用性的考量之外，还被赋予了浓厚的社会属性，看上去充满了文化底蕴。我们猜想这种特征的形成，大概和丝绸之路或航海时代的贸易往来不无关系，使得窗户的样式逐渐变化，呈现出不同地域的人文内涵（知性）相互碰撞与融合的结果。像这样丰富的窗文化，可以从欧洲延伸至日本，形成一条连接欧亚大陆南岸的"窗的海岸线"。由此，我们提出一种假说：也许在这条"窗的海岸线"上汇集了人类历史上最为多样的窗户类型。我们的研究室成员，便是基于这个假说，踏上了分工协作的调研之旅。当我们回顾这些旅程时，意外地发现这其实是一种很有意思的环游世界的方式。

示例说明

本书中，左页的外文标注，
表示着以下的意思。

建筑名称

例如：

Library of Aveiro University
Library / Aveiro, Portugal / Cs

用途 / 城市名、国名 / 气候分区

· 关于"气候分区"（Cs），可以参考本书第
  28-29页的"气候·宗教分布图"。
· 此外，建筑物插图的尺寸，以毫米为单位
  （1050→1050mm）。

1.

光与风

Light and Wind

我们不仅在太阳光线难以渗透的和室（指日式房间）外侧，搭建外伸的屋檐至土墙，或在边缘旁设檐廊，而让阳光远离。同时，当从庭院反射来的光线渗透过纸窗，才能悄悄地沁入室内。因此，构成和室美学的要素，无非就是这个间接，且徐微渗入的光线。为了让这纤弱、静寂又虚无缥缈的光线，静静地停下脚步，以及轻松地沁入和室墙内，我们就会刻意地在和室的砂壁（日式房间的墙是用类似砂浆涂抹的）上涂上暗色系颜色。而仓库、厨房、走廊等处很光滑，都涂着具有光泽的色彩；然而由于和室的墙壁几乎都是砂壁，因此这些砂壁大多数都涂刷着无反光的色彩。如果反光，在这昏昧的光线之下，柔和纤弱的韵味也将会消失殆尽。因此，我们随处可见那些似有若无的阳光附着在那昏黄的壁面上，艰难地苟延残喘，那种纤细微光真是令人感到趣味盎然！——谷崎润一郎《阴翳礼赞》

———

这是摘自谷口润一郎《阴翳礼赞》中的一段文字。从盖房子的角度来看，土庇（围绕建筑物的披檐）、缘侧（檐下半室外的空间）、庭院、幛子纸、砂壁（砂土抹面的墙体），它们会因空间要素、材料、工艺的不同而被单独地看待。然而，这段文字营造出的日本和室意境，却是通过细致地追踪光的"行为"，让这些单独的事物成为有机的整体，并且作为一种完整的空间体验，焕发优雅动人的姿色。如果我们将这束光所涉及的范围视作广义的"窗"，那么庭院、室内的砂壁也会被包含在这个范围之内，无疑超出了通常对"窗"的定义。这种理解方式本身，已经可以称作是设计的出发点（Design concept）了。

汇聚之窗

Pooling Windows

例如，西欧传统的罗曼式（Romanesque）石构建筑，通常由非常厚实的墙壁构成。在这种厚墙上开窗，意味着要把砌成墙的石块挪开，然后凿出刚好容纳一两人的独立空间——光亮逐渐占去石墙围合出来的黑暗。如果这样想，光可被视作一种从厚重事物中获得解放的象征之物。

此时，窗户"环抱"的样子，刻画出墙壁的厚度与内外之间的进深感。从窗外射入的光线，仿佛会在进深厚度中驻足嬉戏。明暗对比强烈的时候，由于人眼的"暗适应"（Dark adaptation），室内会显得更加昏暗。由石头、瓷砖、砂浆等制成的墙体表面，在昏暗的光线下凸显出材料的质感与光泽。这种微弱的光亮、细腻的阴影变化与材料肌理共同营造出的小空间，我们希望称之为"汇聚之窗"。在昏暗笼罩的空间中，光线被层层剥离为由深至浅的纹理；或者，在阳光明媚的室外与昏暗笼罩的室内之间，呈现出的是布满了丰富纹理的进深空间。即便我们从这种光的"行为"特征中观察不出任何与墙体的结构直接相关的消息，"汇聚之窗"却不断地尝试唤醒我们意识中，"光从厚重事物中解放出来"这个意象，作用于文化深层。

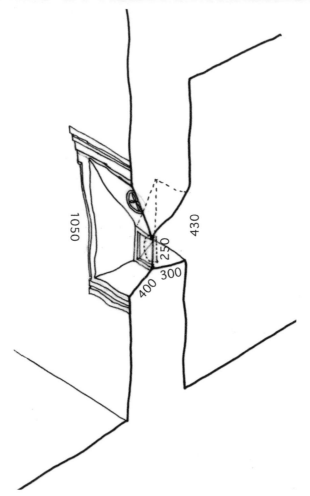

1050

430

250

400 300

瓜尔达住宅

House in Guarda

House / Guarda, Switzerland / Df

位于瑞士山中瓜尔达的民宅。墙面是由所谓的灰泥刮画法
（Sgraffito）涂抹的，即是在墙上涂抹熟石膏后刮划出图案，
窗户本身就成了装饰物的一种。由于建筑地处寒带，墙体
构造必须展现出适应耐寒保温的特性，因此在墙上的开窗
只嵌入相当小的玻璃。当户外光线从这个小窗口扩散至室
内时，均会先汇聚在这个向内斜口的窗台上。此外，房屋
主人常在这个窗台上置放些许装饰物，这里就宛若是一个
小房间！因此，这种感觉就像是在昏暗的房间中安设了一
个明亮的小空间一样。

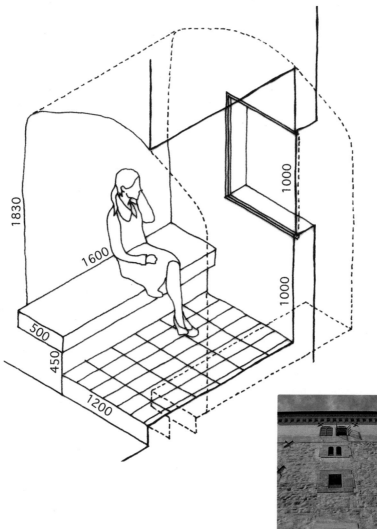

勒托斯卡克塔

Kula Lotrscak

Gallery / Zagreb, Croatia / Cfa

位于克罗地亚萨格勒布地区的艺廊。这是在 13 世纪时，为了监视防范敌人入侵，由教会改建并强化了武装的高塔。案例是利用厚壁建成犹如洞窟般的空间，让光线从室外透过窗口射入、滞留，附带制作了石椅。

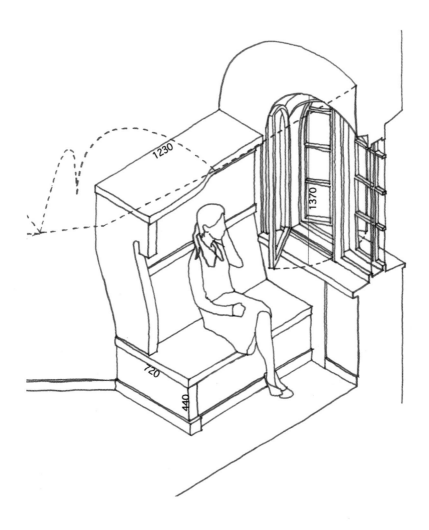

加伦·卡雷拉博物馆
Gallen-Kallela Museum
Museum / Espoo, Finland / Cfb

芬兰民族浪漫主义时期画家加伦·卡雷拉（Akseli Gallen Kallela）的住宅。拱顶凹室（alcove）
设在穹隆顶八角房的一侧，并在这拱顶墙的中央部位开设窗户。在窗内侧安放具有收纳功能的长椅
和桌子，是配合凹室与窗特意制作的。

圣玛利亚布罗旅馆

Pousada-Sta. Maria do Bouro

Hotel / Amares, Portugal / Cs

这是建筑师欧杜多·莫拉（Eduardo Souto de Moura）将阿马雷斯修道院翻修而成的旅馆。在厚重的石墙上雕凿开口，可让黑暗环境中洒入涌泉般的光亮。

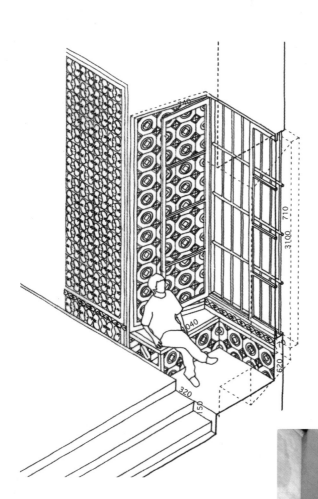

彼拉多住宅的楼梯厅
Casa de Pilatos Stair Hall
Palazzo / Sevilla, Spain / Cs

位于西班牙塞维亚15世纪的豪宅。贴满着瓷砖的楼梯间通道中，利用墙壁的厚度在窗前设置长椅，可同时观赏屋内、外的景象。在不同楼层的位置，共设有3处相同设计的窗户。

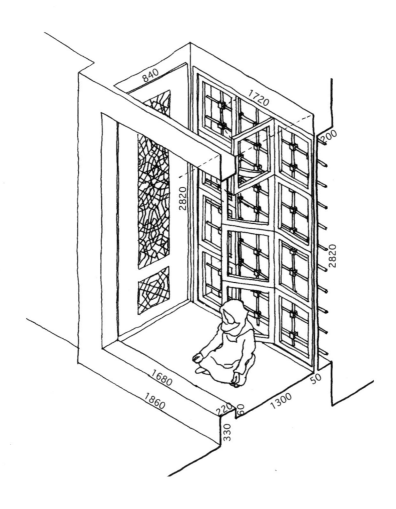

苏丹艾哈迈德清真寺

Sultanahmet Camii

Mosque / Istanbul, Turkey / Cs

土耳其伊斯坦布尔的蓝色清真寺。在这间雄伟巨大的清真寺中，窗户虽然只是占有甚小的面积，但是与人相比仍然显得庞大。若是将位于柱间反复出现的一扇扇窗户的内侧窗关上，则会形成光线漫溢的空间；若是将窗户打开，则会形成仿佛歌剧院包厢席般的景象。

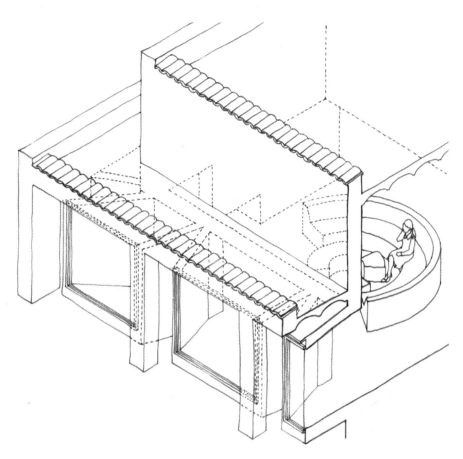

莉丝别墅

Can Lis
House / Majorca, Spain / Cs

马约卡崖壁上的约恩·伍重住宅。在向外呈现放射状延展的墙壁上依序设置5扇不同方向的窗户。这些位于悬崖上的窗户由于要受到强风吹袭，所以全部都在窗口外侧安装固定窗，并且设置柱廊（Portico）。因此，窗户比厅堂汇聚更多光线，此处没有室内光线的反射，也没有门窗的剪影，但直接地获取大海的风景。为了可以眺望捕获更多的地中海景象，刻意地降低了窗的高度。

弥漫之窗

Dissolving windows

———

当阳光透过窗户射入室内，昏暗的房间会被一束锋利的光线划破。16世纪的意大利画家卡拉瓦乔（Caravaggio）留下众多以强烈光线为背景的肖像画；17世纪的荷兰画家维米尔（Johannes Vermeer）却描绘了室内人物在弥漫的光线下伫立的场景——光，在此失去了轮廓。维米尔在画中描绘的，是颗粒般弥漫的光线，而不是边界清晰的"团块"。营造这种光"行为"的窗户，我们希望称为"弥漫之窗"。这种窗户，通常由纤维状的或具有半透明效果的材料与窗户叠加而成。例如，细密的格栅、像蕾丝纹一样镂刻孔洞的石板，纤薄的石板、纸张、磨砂玻璃等材料，叠加在窗的表面。他们能够细腻地散射光线，使光影轮廓不再清晰，呈现出模糊而氤氲的状态。这里没有明晰的视觉特征，却饱含了唤醒触觉的光线肌理。

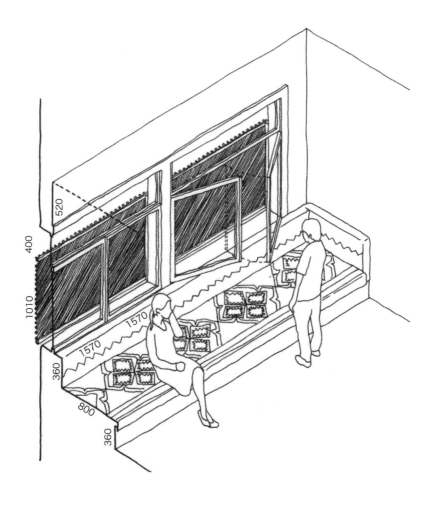

凯马坎勒的历史保护住宅

Kaymakamlar Preserved House

House / Safranbolu, Turkey / Cfa

位于土耳其番红花城内的住宅。依据当地宗教的习俗，女性需要遮掩，不能被他人看到，因此为了让女性在屋内也能眺望街道，而设计了这款木格漏窗。沿着窗户旁安设整排沙发，坐在沙发上还能置身在渗入窗格的漫射光晕气氛的环境内。

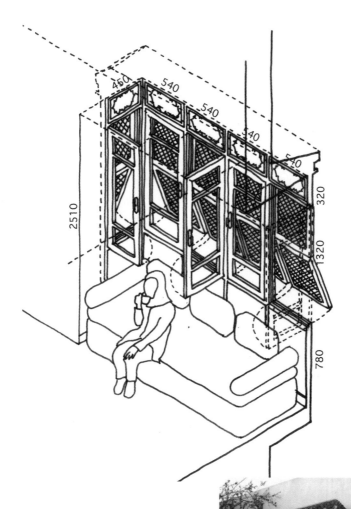

安纳比别墅
Dar el Annabi

House / Tunis, Tunisia / Cs

位于突尼西亚地中海沿岸圣布萨德的别墅。建筑风格
受到当地伊斯兰建筑风格的影响，别墅窗户涂上鲜艳
的突尼斯蓝，使得人们在视觉上有清凉感。如此的做
法可让无法外出的女性，除了能够眺望外面的世界，
也能够被这种克拉吉（Kharaj）的精美花格飘窗所
保护。

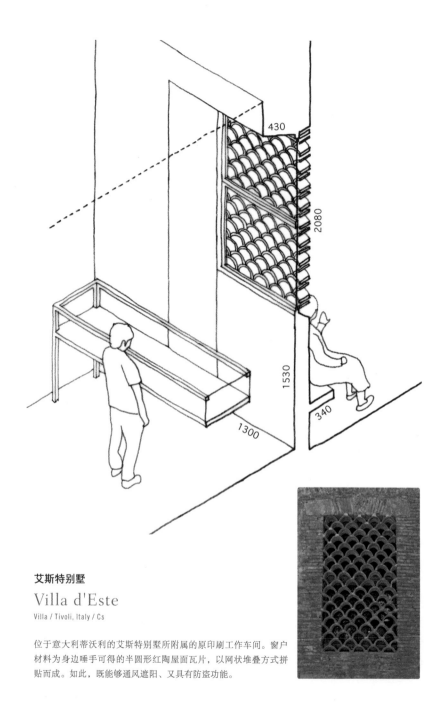

艾斯特别墅

Villa d'Este

Villa / Tivoli, Italy / Cs

位于意大利蒂沃利的艾斯特别墅所附属的原印刷工作车间。窗户材料为身边唾手可得的半圆形红陶屋面瓦片，以网状堆叠方式拼贴而成。如此，既能够通风遮阳、又具有防盗功能。

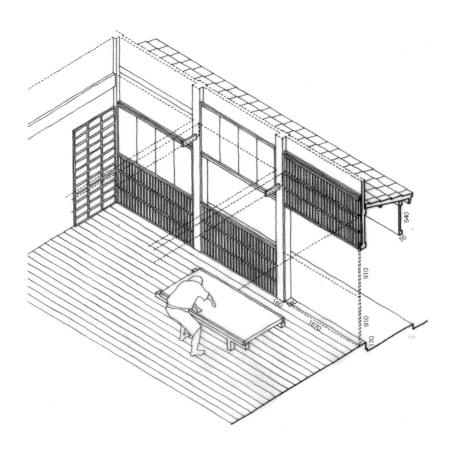

立野榻榻米商店

Workshop / Kanazawa, Japan / Cfa

位于日本金泽的榻榻米工艺作坊。挑檐下方设置的推拉纸窗与外窗相互接连，从任何位置皆可将榻榻米搬进搬出。

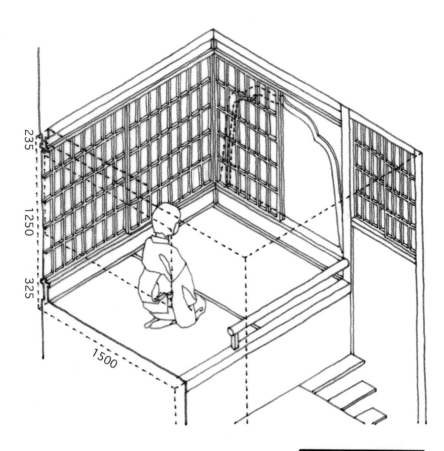

235

1250

325

1500

听秋阁二楼

Tea Pavilion / Yokohama, Japan / Cfa

位于日本横滨三溪园的茶室。在这间建筑的二层有个大约为两个榻榻米大小的和室，其中有3面为纸窗墙，室内遍洒着扩散的漫光。房间内的华头窗面对着西边的三重塔，当将纸窗关上时，窗上就会浮现出特有的朦胧剪影。

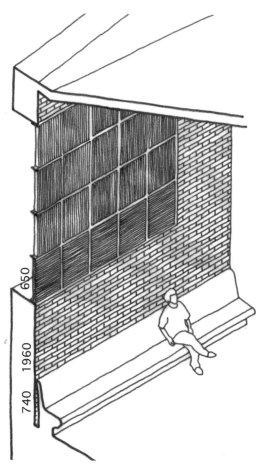

650

1960

740

塞纳特赛罗市政厅
Saynatsalo Town Hall
Town Hall / Saynatsalo, Finland / Df

阿尔瓦·阿尔托所设计的塞纳特赛罗市政厅。窗上每个被分隔的方窗框内的木百叶板片方向各相其异，如此可让光线产生不同的效果，似乎也可见到光线在安静地玩耍，因而可让人们感到乐趣横生。从上到下的 3 列窗格百叶为垂直方向，底层一列则为水平。

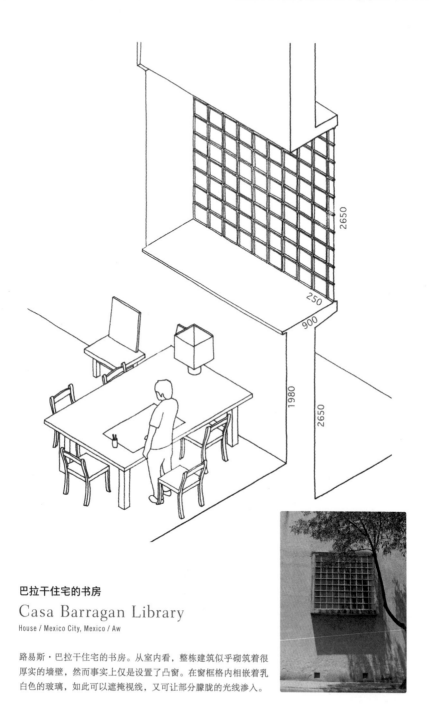

巴拉干住宅的书房

Casa Barragan Library

House / Mexico City, Mexico / Aw

路易斯·巴拉干住宅的书房。从室内看,整栋建筑似乎砌筑着很厚实的墙壁,然而事实上仅是设置了凸窗。在窗框格内相嵌着乳白色的玻璃,如此可以遮掩视线,又可让部分朦胧的光线渗入。

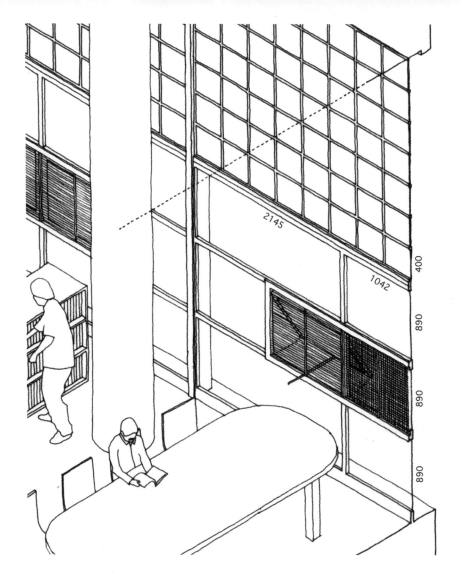

2145

1042

400

890

890

890

墨西哥国立自治大学中央图书馆

Biblioteca Central de la UNAM

Library / Mexico City, Mexico / Aw

墨西哥建筑师雍·奥格曼（Juan O'Gorman）所设计的
大学图书馆。为了避免过多的直射光，而在窗户上半部镶
嵌薄石板片，让光线漫射地渗入。此外，在下半部的玻璃
窗上设有几扇可向外的推窗，以确保良好的通风需求。

蚀刻之窗

Sculpting Windows

自然界中的河流或海浪常年累月地冲刷地表，形成令人惊叹的造型。可惜的是，光线没办法留下冲刷或流动的痕迹，蚀刻出物体的形状。倘若光真的有这种能力，那么"冲刷"的痕迹一定会集中在窗户上；它们可能已经以窗户上的装饰或遮罩（花窗）的剖面形式，出现在现实生活中；或者光以独特的形状投影在昏暗的墙壁上，展现出某种象征含义。从外部渗入的光线，定格在窗户上，我们希望称呼这种窗户为"蚀刻之窗"。

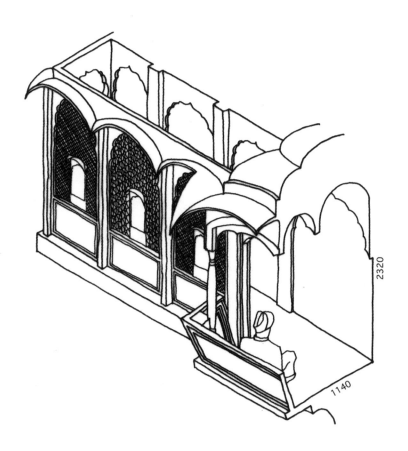

2320

1140

维拉斯宫

Gaj Vilas

Palace / Jaisalmer, India / BW

位于贾沙梅尔，由拉其普特人（Rajput）在19世纪
中叶时所建造的维拉斯宫。宫殿面对广场侧的四楼
由阳台所环绕，在主卧室面向广场的开口设置被称
为镂空窗板（Jali）的石板透雕花窗，形成被称为龛
窗（Jharokha）的包厢空间。靠近中央部位的包厢
更是向外突出，并且设置了看台。此外，镂空窗板
的组合纹样非常丰富多样，在窗板的中央处还挖设
有拱顶龛形的小开口。

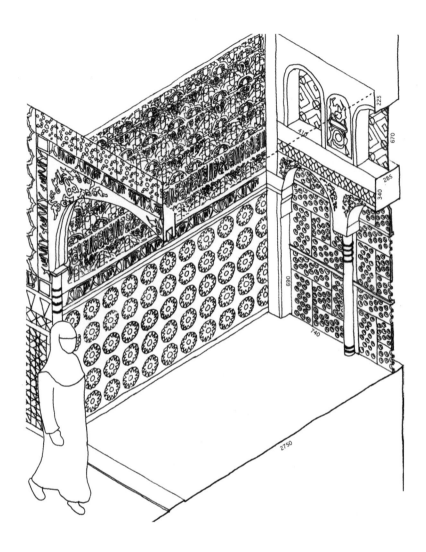

阿尔罕布拉宫的外事使节厅

Alhambra Sala de Embajadores

Palace / Granada, Spain / Cs

格拉纳达阿尔罕布拉宫的外事使节厅。由于受到伊斯兰宗教戒律的影响，窗框内嵌入被称为花格（Celosia）的精细窗格，从而导致光线仅能透过窗格模糊地渗入室内。室内墙壁的下半部铺贴装饰着颜色鲜艳的瓷砖，上半部则以石灰岩石板装饰墙面。

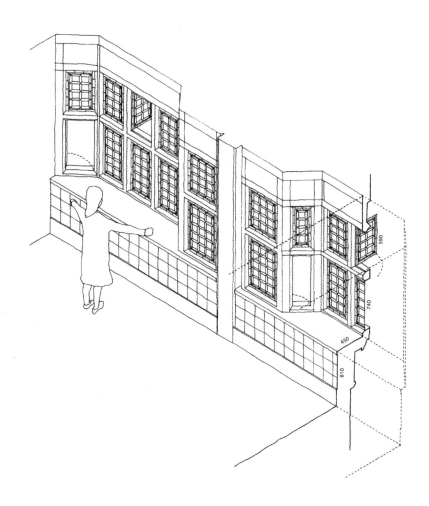

590

740

450

810

艾维勒斯珠宝公司

Jewellery Evellers

Office / Chester, England, UK / Cfb

在13世纪末就已经成型的切斯特镇街道上，直到现今仍然保存着许多都铎式（Tudor style）的半木构（Half-timbered）建筑。越往建筑高层，建筑的墙面就越显外凸，其中部分就形成凸窗。当时的工艺技术无法制作出像现今这样透明度高的大片玻璃，只能运用铅丝连接小玻璃片组成大块玻璃。由于受到重量因素的限制，导致仅有局部能够开启。因此，站在窗前给人们所留下的印象，与其说是窗外的美景，还不如说是能够汇聚光线的玻璃网格，如此可带给人们更深刻的印象。

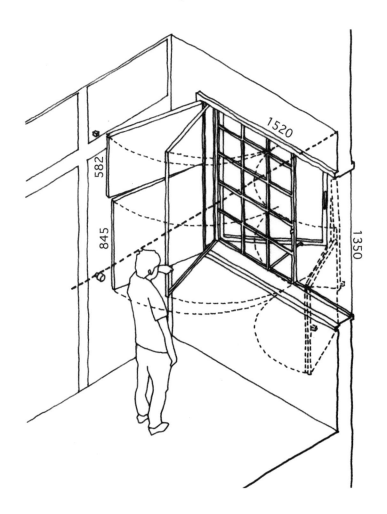

巴拉干住宅的客房
Casa Barragan Guest Room
House / Mexico City, Mexico / Aw

路易斯·巴拉干住宅的客房。在由方格窗框、纱窗、
固定玻璃窗以及外开玻璃窗等所组成的窗户内侧，
分成上下左右板片的 4 扇木窗板，如此就可以细微
地调节阳光的射入与室内房间的明暗亮度。此外，
当稍微开启木窗板时，窗侧就会产生如同十字架般
的光芒。

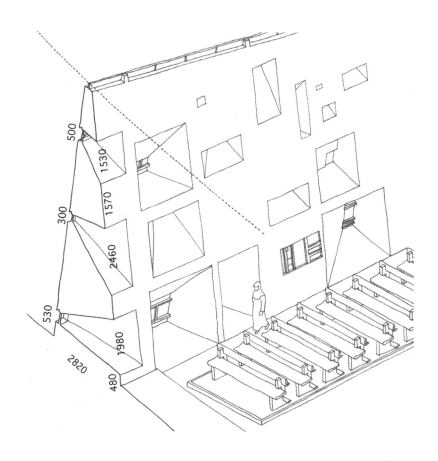

朗香教堂

La Chapelle de Ronchamp

Church / Ronchamp, France / Cfb

勒·柯布西耶所设计的朗香教堂。在厚实的墙壁上，设置着大小、比例、深度各不相同的开窗，还镶嵌了据说是勒·柯布西耶本人亲自制作的彩绘玻璃。在斜切嵌入的深邃窗台上汇聚洒满着多彩的颜色，可让每位访客与多样的光线来场不同的邂逅。

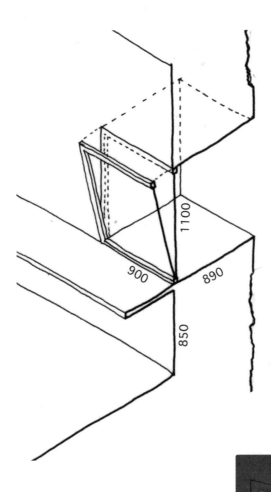

黄色之屋

Das Gelbe Haus

Gallary / Films, Switzerland / Df

建筑师瓦莱里奥·奥尔加蒂（Valerio Olgiati）翻修住宅改建的画廊。设在窗台与窗户接合的桌子，可用来摆放展示品。外墙面多为剥离灰泥的涂装处理，可显露出石材粗糙面的纹理。其间则布满着规整穿墙的窗户，在窗户的边缘处均采用混凝土材料进行加固，以强调出正方形的外缘轮廓。由于窗板都深藏纳入厚实的墙壁内侧，因此从外侧只能看见在墙壁上所开设的孔洞，而不见窗板的踪影。

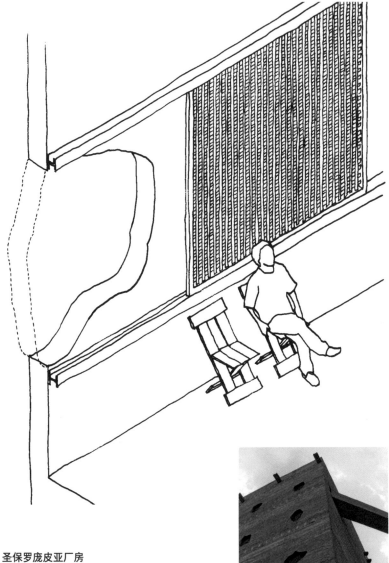

圣保罗庞皮亚厂房
SESC Pompeia Factory
Cultural Center / Sao Paulo, Brasil / Aw

丽娜·博·巴迪（Lina Bo Bardi）所设计的复合文化中心的体育馆。外窗开口就像在混凝土箱上穿插着被凿挖毁坏的不规则孔洞，在窗户内侧设置了红色可滑动的窗格板，既无设置玻璃，也没有装设空调。室外广场的空间很简洁。

光之空间

Light Room

―――――――

窗户不是一个简单的二维平面。墙、窗框的厚度，使得窗户已经是一个三维的小空间了。一旦意识到窗户所具备的三维空间，那么想象一下这个空间稍微变大，大到能够容下一人，被光线充满的状态，这不是一件非常困难的事情。人们通常会在兼顾窗的开闭等实用性的同时，组合很多小块的玻璃，来获得更大面积的开窗。这种大面积的开窗，如果用在进深浅、开间大的房间，或是用在悬挑而出的阳台之类的地方，就能创造出"阳光的房间"了。19世纪以来，铸铁窗框、平板玻璃等工业技术相继出现，激发了"让窗户变成房子"的想象，并在伦敦的水晶宫，米兰、巴黎的拱廊街等地方，看到这种想象成为了现实。"厚重与黑暗"塑造了石构建筑的谱系（Genealogy），而相对地，汇聚光照、无重力的"轻盈"开创了新的建筑时代。

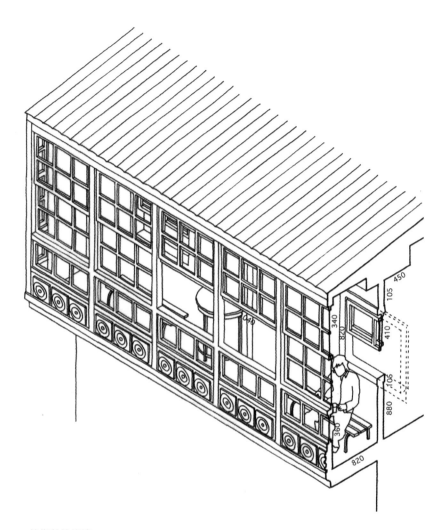

埃斯特拉旅馆

La Estela

Hotel / Santiago de Compostela, Spain / Cfb

面对孔波斯特拉城市广场的埃斯特拉旅馆。与附
近建筑物顶层称为长廊的白色外凸带形窗连接，
以形成连续的街景。这带形窗（Ribbon window）
系由设在木窗框内的上下推拉窗所组合，从而使
得原本进深就不大的房间内充满着阳光。

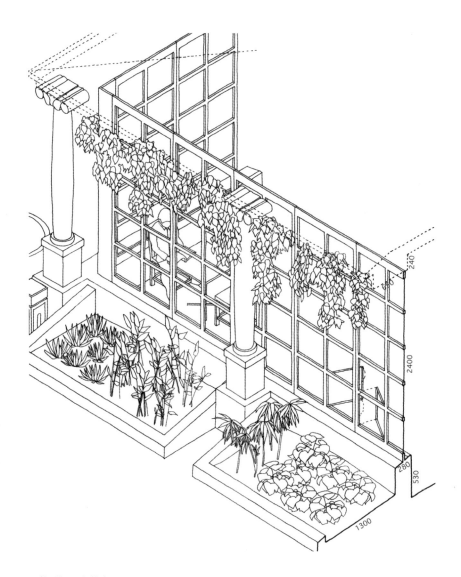

240
2400
280
530
1300

普列切尼克住宅

Plečnik House

House / Ljubljana, Slovenia / Cfb

位于斯洛文尼亚卢布尔雅那的普列切尼克住宅的温室。在精美的古典柱列内侧，三面环绕设置着小窗格的钢框玻璃窗（部分作为换气使用的内开窗）。窗户下方设有花坛，上方则设置棚架与之呼应。绿化所产生的绿意就汇集在窗户内外的交界处，让人们的视线界线变得更为模糊了。

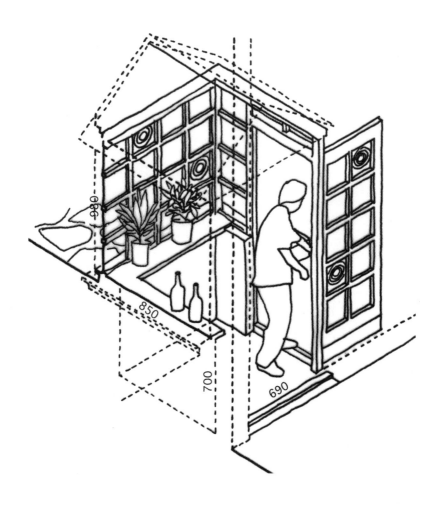

850
990
700
690

摄影师之家
Photographer's House
House / Bibury, England, UK / Cfb

英国百伯利镇一位摄影师工作室兼住宅的门厅。
门厅的 3 面墙设有划分成小方格的木框窗，并在
窗台上摆放着盆栽。部分窗格则嵌入被称之为牛
眼窗（Bull's eye window）的波纹图案玻璃。

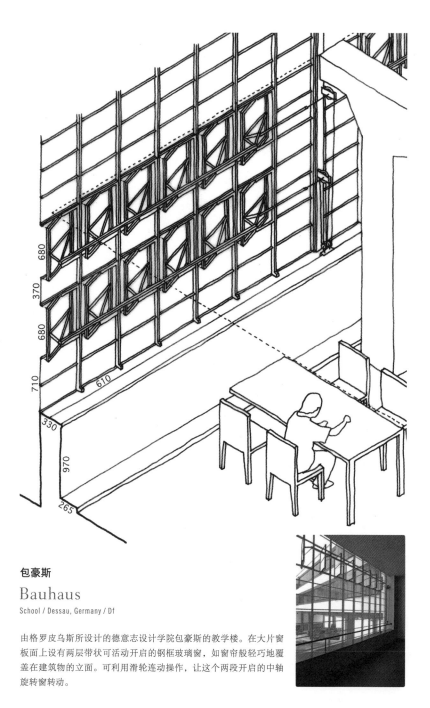

680
370
680
710
610
330
970
265

包豪斯

Bauhaus

School / Dessau, Germany / Df

由格罗皮乌斯所设计的德意志设计学院包豪斯的教学楼。在大片窗板面上设有两层带状可活动开启的钢框玻璃窗，如窗帘般轻巧地覆盖在建筑物的立面。可利用滑轮连动操作，让这个两段开启的中轴旋转窗转动。

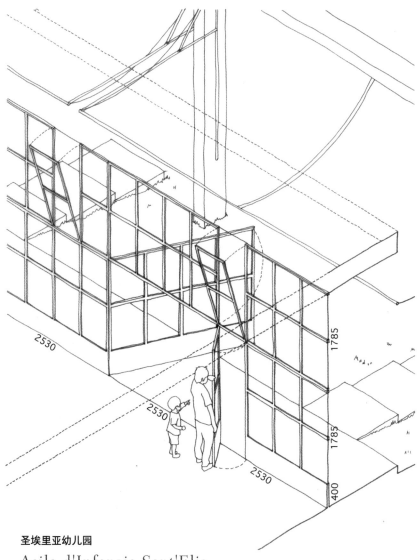

圣埃里亚幼儿园

Asilo d'Infanzia Sant'Elia

Kindergarten / Como, Italia / Cfa

位于意大利北部城市科莫，由建筑师朱塞佩·特拉尼（Giuseppe Terragni）所设计的幼儿园。窗户为被钢框架分割成小格的玻璃格窗，设在顶棚约 4m 高、长度约为 7.5m 的房间侧边。设计者利用射入的极简光线，自然地引导天真无邪的幼儿活动。倘若将装设在室外棚架上的遮篷拉开，则室外草坪与室内窗边就同时被纳入遮荫的环境内，如此也扩大了幼儿们游乐玩耍的场所。

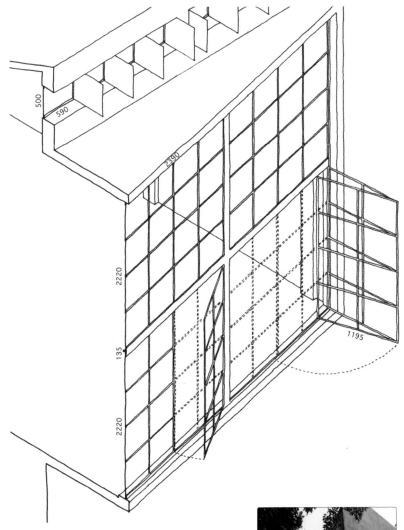

500
590
2390
2220
135
2220
1195

蒂亚戈·里维拉与弗瑞达·卡洛工作室

Casa Estudio
Diego Rivera y Frida Kahlo

Atelier / Mexico City, Mexico / Aw

奥哥曼（Juan O'Gorman）所设计的蒂亚戈·里维拉与弗瑞
达·卡洛绘画工作室。面对北向的大片窗被纤细的窗框分格，
窗户的下半部设置折叠窗与铰链窗。在锯齿状的屋檐下侧则
设垂直遮阳板与通风换气窗，以便导入高侧光（High-side
light）。

©Museo Casa Estudio Diego Rivera y Frida Kahlo

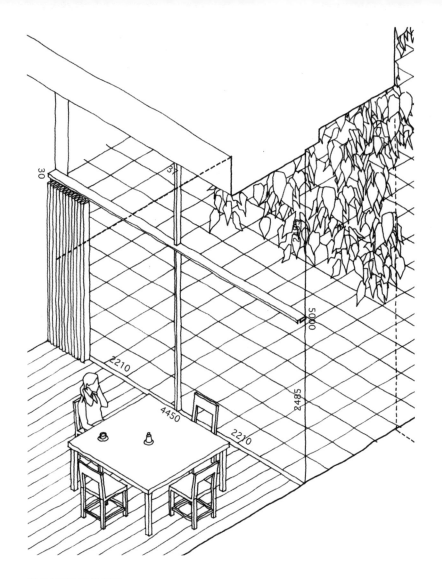

30

3

2120

5000

2210

2485

4450

2210

巴拉干住宅的休息室

Casa Barragan Common Room

House / Mexico City, Mexico / Aw

路易斯·巴拉干住宅的休息室。在面向庭院的一侧设有一扇大窗，设置的位置与旁边前室收纳间的进深等同，在这空间中未置放任何物品。换句话说，就是窗后家具所在空间与室外庭院之间的灰空间，是一个仅有光线射入的领域。将窗框埋设在开口四周的构造内，仅将窗框档条的轮廓外露，犹如十字架般地浮现。

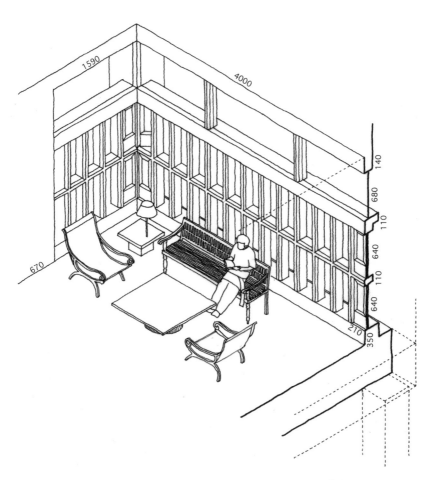

卢奴甘伽别墅的客房
Lunuganga Guest Room
House / Bentota, Sri Lanka / Af

杰弗瑞·巴瓦的别墅，卢奴甘伽（Lunuganga）的客房。为了让窗户能呈现出匀称的表面纹理质感，而采用密致格栅木条重复地排列窗格。格栅木条的高度约是一个人的身高，从格栅上横档条往上到达顶棚的剩余部分设有大片固定楣窗。与窗外热带丛林的邻接关系，是影响这个空间特质的关键性要素。

杰弗瑞·巴瓦 Geoffrey Bawa

适合斯里兰卡气候、风土特性的生活与建造

　　在斯里兰卡西南海岸德度瓦（Deduwa）湖畔的半岛上，建筑师杰弗瑞·巴瓦用尽毕生的时间和精力，建造了"卢奴甘伽"住宅。这栋住宅位于距离海滨小镇本托塔（Bentota）大约30分钟车程处，当我们到达现场时，眼前弥漫着晨曦的湿润雾霭，穿行越过枝叶茂密的苍郁树海，进入大门后，明亮蔚蓝的天空便豁然开朗地呈现在眼前，铺着褪色红瓦的门廊也在迎接着访客的到来。门廊后方便是称之为"花园房"的书房，在这个顶棚挑高甚高的房间内设有向外的凸窗，窗边置放着藤编的古董座椅和长凳，使得人们可

置身处在丛林的盎然绿意之中。整体建筑群系由5栋建筑所组成，每栋建筑为了防雨而设置檐廊或露台。所有支撑屋顶的撑柱也都设有圆柱收分（Entasis）或八角形面倒角，虽然拥有古典殖民形式的装饰纹样，但是仍然无法断定这是什么年代的建筑。

在这个开阔的庭院内，可见到伸向天际的椰子树和枝叶繁茂的菩提树，构成了树荫；同时，还可见到从根部附近就开始呈现出放射状扩散的竹子，以及枝叶向外蔓延生长的羊齿植物等。透过这些树叶缝隙渗入的阳光，被空气中的湿润水气随机折射，可形成一片宛如白雾霭霭的景象。位在主屋面前的半室外露台，一侧连接着起居室，另一侧则延伸外至庭院，其余部分则采用玻璃窗区隔，窗边设置摆放着柔软靠垫的长椅。北侧湖边生长的缅栀花，其粗壮、怪异曲折的枝干和纤细的花朵，形成了强烈的对比，同时在青绿的草地上还可见到散落的点点白花。在这庭院的四周还摆放着数座雕像与石凳，以及大到几乎可以藏人的巨大陶壶和瓶罐。

1. ⋯⋯ 从露台观赏古木参天
2. ⋯⋯⋯⋯⋯ 探入森林的窗
3. ⋯⋯ 防雨遮阳的庇护空间

像这样的全然静谧、但却又洋溢着旺盛生命力的幻想气氛，究竟是如何设计产生的呢？设计者一定是对于这片土地上的风土气候、文化特性十分地熟悉，且能以切合实际环境状况的方法，不断地实践积累才能产生出这样的结果吧！热带雨林气候有着让人难以忍受的闷热湿气，在无良好通风的环境中，往往容易让人们会产生汗如雨下、粘腻难受的状况。设计大片外遮檐来防雨遮阳，有利于维持良好的通风，并获得清凉感。因此，大多数窗户都没有装设玻璃，而采用便于开关的板窗、百叶窗扇，并在高处设置格栅或纱窗，让空气处在最佳的循环状态。由于没有装设玻璃板片，因此空气不仅能够源源不断地流通，而且还能够听见树枝摇曳的婆娑沙声、鸟叫虫鸣声等。此时，即使人们处身置在建筑房内，仍然能够感受到大自然的广阔开放。巴瓦的这项建筑方案不仅能够适应斯里兰卡的风土气候特性，而且还能够根植孕育在当地的文化历史环境之中。这可归根于他对这片土地曾经历过殖民时期的平房住宅（Bungalow）、佛教寺院等过去生活方式的认识，而回溯到过去人们的生活条件。我们或许只能从现

在所处的现实世界来思考问题，而对于过去所出现的事物就难以思虑理解。现代建筑之所以会让我们感觉不够丰富多彩、让人们没有幸福感，难道不是因为我们的想象能力受到了局限吗？在"卢奴甘伽"的这项设计方案中可见，人们虽然处在现代的生活环境中，但仍然能够感受到过去生活经验的积累与延续，并带来面对生活的种种喜悦。（能作文德）

阴翳之窗

Windows in the shadow

————————

当我们调研到比较温暖的地区时，经常遇到没有装玻璃的窗户。窗户怎么会没装玻璃呢？对这种组合习以为常的我们日本人来说，这太让人诧异了。这些窗户利用披檐或挡雨板遮挡强烈的日照，形成阴凉。从外部看上去，窗户的区域会罩进昏暗的投影之中。我们希望称呼这种窗户为"阴翳之窗"。如今的空调设备，能够让室内环境保持在非常稳定的范围里，然而这种封闭的室内空间，使得我们再也无法感受到外部的环境变化。相反，这种没有玻璃封闭的窗户，自然地成为了建筑内外之间的一个"特殊领域"，类似于阳台、凉廊（Loggia）、回廊等半室外空间。投影之下营造出凉爽宜人的休息场所，引来人们在这里坐歇倚靠。当这种空间出现在沿街时，生活的场景就被呈现到街道上，人们宽容地接受过路行人的心态，也自然地反映在建筑物与街道的表情上。

会安住宅
House in Hoi An

House / Hoi An, Vietnam / Cw

越南中部城镇会安的住宅。运用椰竹竿搭设柱梁，再铺设椰竹叶修葺制作墙壁。这不像是一般传统
形式的窗，墙壁可以向上撑起，当作门或窗来使用。同时，也可使用椰竹竿制成的支撑杆来调节这
道墙开启的幅度。

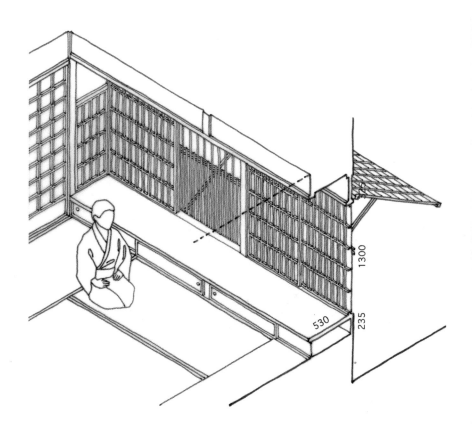

1300

235

530

听秋阁前室

Tea Pavilion / Yokohama, Japan / Cfa

位于横滨的三溪园茶室。窗外上方设置可用竹竿向外撑开的外翻窗板，在这窗板内侧设有格栅，下格栅密度为上格栅的 2 倍且纵向并排，形成上下不同间隔的疏密感。格栅内侧还装嵌设有纸窗，可模糊地映现出格栅的剪影。在窗户下侧则设有深色搁板，以营造出"附属书房"般的意境。

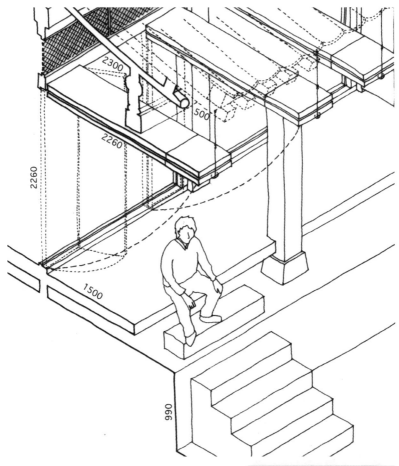

南山谷韩屋

Hanok in Namsan

House / Seoul, Korea / Dw

首尔南山谷的传统韩国房屋。在称为抹楼的深挑檐廊开口处，挂设贴着称为韩纸的木制门扇。这种门扇板非常轻且很容易操作，每两扇板可折叠上翻，并在屋檐处使用韩语称之为"Dolucie"的五金挂件固定。使用者可根据需求细微地调节环境的采光、通风与湿度状况。

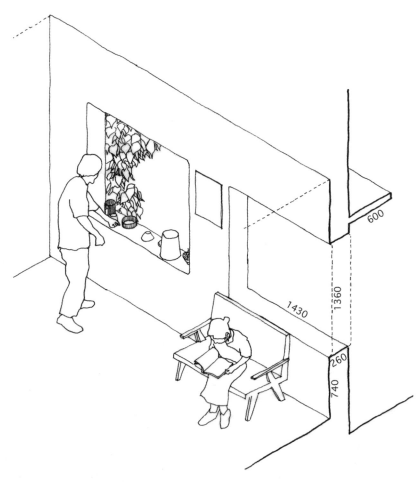

品纳瓦拉的佛教寺庙
Buddhist Temple in Pinnawala
Temple / Pinnawala, Sri Lanka / Af

位于热带雨林气候的斯里兰卡品纳瓦拉的佛寺宿舍。宿舍周边围绕着白色回廊，回廊壁上的开口未装设玻璃，在窗口外的上部环绕外挑设有屋檐，能够产生防雨与遮阳的效用。此外，在窗台上可摆放餐具，并且还可在窗边安放长椅，使得这个环境可成为进餐与读书的场所。

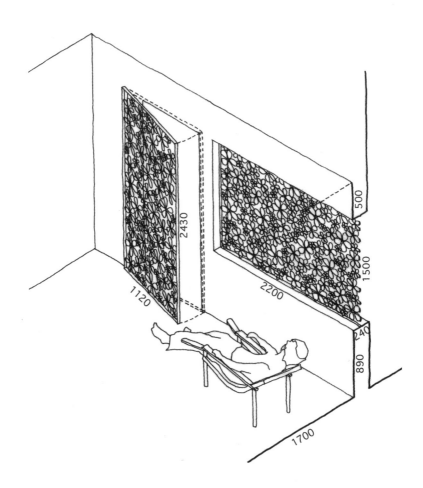

尼贡波的住宅

House in Nigonbo

House / Nigonbo, Sri Lanka / Af

斯里兰卡尼贡波的店铺住宅。入口门厅旁的窗户镶嵌花纹样的铁格花窗，由于还置放着躺椅，而形成类似凉廊的空间。从室外来看，可在幽暗的阴影环境背景中见到闪耀的铁花。但是从室内看来，花纹样的轮廓则会在这光亮的背景环境中，以剪影的样貌形式浮现。

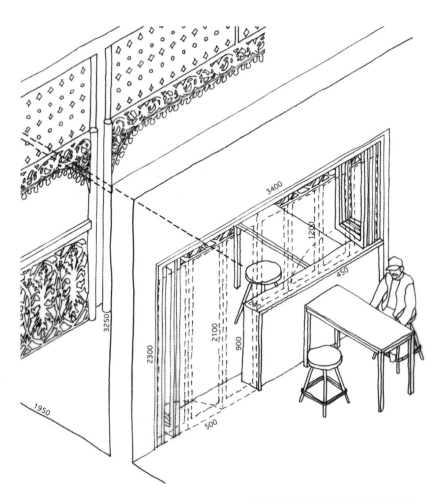

帆船酒店

Regatta Hotel

Cafe, Bar / Brisbane, Australia / Cfa

1874 年所建成的布里斯班的酒店。由于气候温暖，运用凉台在建筑物内创造出遮荫环境的做法，为当地常见的策略。在微风轻拂穿过具有装饰韵味的柱子、扶手、垂壁时，在光线微粒扩散的凉台上用餐，别具一番风味！

950

960

2300

1050

7100

350

130

黄金宫
Ca'd'Oro
Palazzo / Venice, Italy / Cfa

威尼斯大运河旁 13 世纪时所建造的宫殿。主楼层空间
（Piano Nobile）的阳台面对作为威尼斯主要街道的大运
河，墙面的纹样图案为威尼斯哥特样式的拱形装饰。因
此，从墙外运河侧所射入的阳光，在地板面上可投射出
如同 4 瓣花纹般的图案，以及尖拱般的剪影纹样。

拂风之窗

Windows in the Breeze

比如，在墙上的开口处或梁柱框架之间，有一种装有格栅、百叶窗（Louver）、织物（Venetian）却没有装玻璃的窗户，它们翻开的姿态或构件之间的缝隙，像是把穿过的风可视化了似的。在像桑拿房一样湿热的地区，我们经常能够看到擅于调节通风和热量的窗户，我们希望称呼这种窗户为"拂风之窗"。这些窗户巨大，多数是没装玻璃的，也就可以不用顾及防水和气密性地安装开关构件，由此窗户的开闭变得轻松而自如，也就是说，这里展现出一种顺应自然的，而不是用力抗拒的方式来对待外部环境。这种窗户传递给我们一种宽容地与自然相处的观念，同时加深了我们对外部自然"行为"的理解。

风之宫的东墙面

Hawa Mahal Eastside

Palace / Jaipur, India / BW

印度斋普尔的"风之宫"。在这墙下部的龛形开口处，装设可将开口遮盖的矩形双开木窗板，墙上部则铺装凿雕无数小孔洞的石板片。这个石质的孔洞板片过滤器不仅能够遮挡从庭院传递而来的辐射热量，而且还可将从室外向室内流入的热空气，顺应着倾斜向上的雕刻孔洞上升流入，在洞内的阴影处冷却形成凉爽的微风后，再从墙内侧的洞口渗透地流入室内。

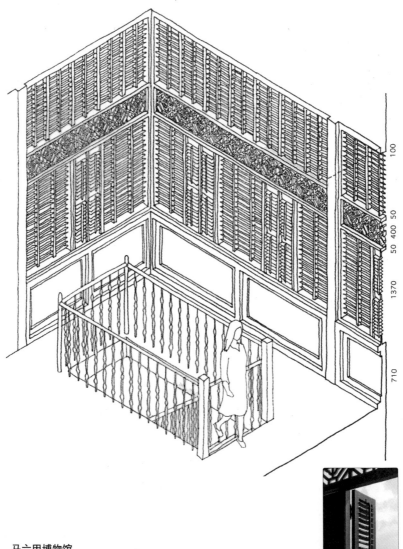

100

50

50 400 50

1370

710

马六甲博物馆

Malaka Museum

Museum / Malaka, Malaysia / Af

马来西亚马六甲博物馆的楼梯缓冲空间。窗户重复设置了双开木百叶窗板，窗户栏间则运用透雕花格窗将窗户分割成上下两部分。装嵌百叶窗板的部位可运用此板遮挡日射、并引入凉风，中间部位的栏间格窗可让光线徐徐地渗入室内。此外，还可利用设在百叶窗板中央的直木条来调整百叶板片的角度。

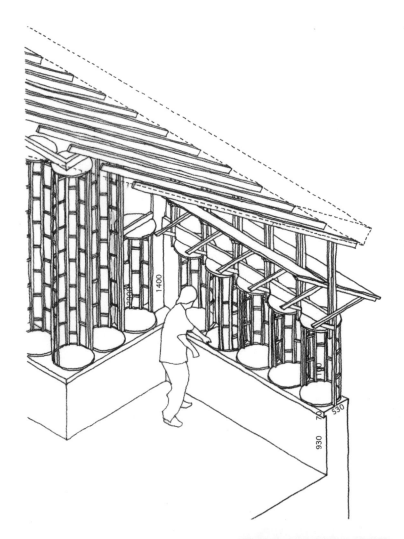

弗兰西斯 · 弗住宅

Francis Foo House

House / Kuala Lumpur, Malaysia / Af

吉隆坡林倬生（Jimmy Lim）所设计的住宅。这窗户是
类似银行柜台的半圆柱回转式玻璃窗，只不过所获得的
不是金钱而是凉风。难道不是将凉风变成财富了吗？

©Jimmy Lim

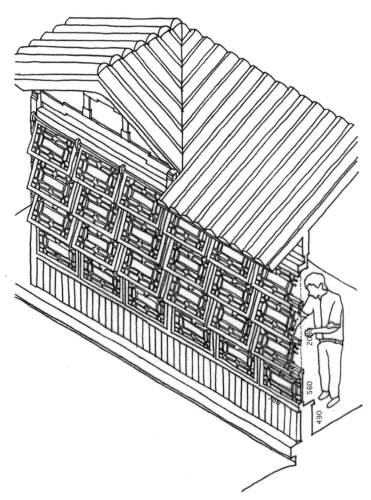

退思园

Tuisi Garden

Pavilion / Tongli, China / Cfa

中国同里的庭园，伸入池畔的亭台。亭台上连续
设置 21 扇外突花格窗，窗台设在腰间。原本窗
板是裱糊成纸窗的，但是现在均改成镂空，这样，
环境的通气特性就会变得十分地良好，而窗板还
是可以向外小幅度地上扬开启。如此，就确实地
能够运用这种方式，"看见"从湖面飘升浮起的阵
阵凉气与风的动态。

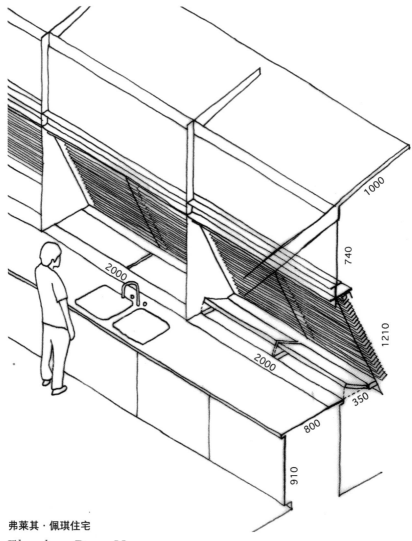

弗莱其·佩琪住宅

Fletcher-Page House

House / New South Wales, Australia / BS

格伦·马库特（Glenn Murcutt）所设计的澳大利亚田园住宅。在连接着厨房料理台的墙上倾斜设
有固定玻璃窗，并且在料理台与墙壁间所留设的缝隙处装设通气木窗。雨天时倾斜的玻璃窗面可利
于导流雨水，雨水可从玻璃板面的前端分散滴落，这设计除了可遮雨、同时还能维持通风。此外，
阳光则被玻璃窗外侧的水平百叶板所遮挡。

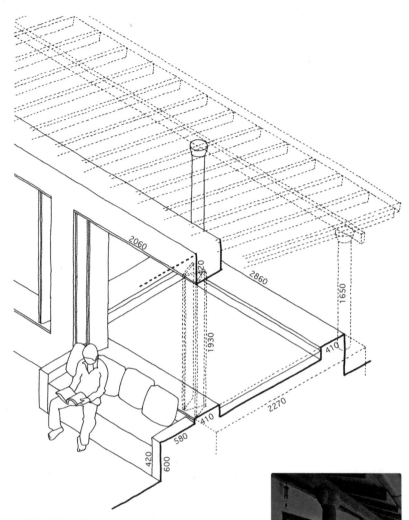

天堂路艺廊咖啡馆

Paradiseroad Gallery Café

Café / Colombo, Sri Lanka / Af

斯里兰卡科伦坡的天堂路艺廊咖啡馆，原本是杰弗瑞·巴瓦的事务所。在这案例中可见长廊屋檐下的空间内设有水池，如此可将从室外吹入的热气流经由水面冷却，形成凉风再吹进室内。此外，还可见到在窗边安放沙发而成为休闲环境、与在窗墙厚框内仅装嵌折叠木窗板却不装设玻璃的状况。

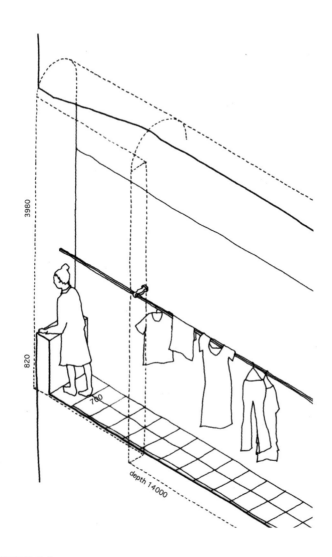

罗马路的住宅

Via Rome

House / Procida, Italy / Cs

意大利普罗奇达岛的桑乔天主教（Sancio Cattolico）码头附近的公寓住宅。在进深 14m 的走廊墙壁旁，开设着比例细长的拱窗。如此，可引入绝佳的凉风以晾晒风干衣物，也还可在此处眺望美丽的地中海美景。

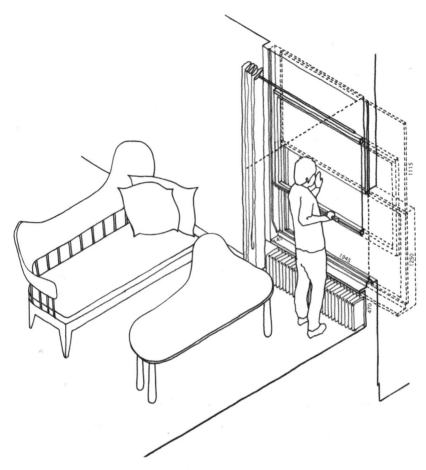

夏日住宅

Sommarhuset

House / Stennäs, Sweden / Df

阿斯普朗德（Erik Gunnar Asplund）夏日住宅的客厅。设在南侧墙面上的窗户乍看似乎是固定的，但事实上在窗户的左右窗框内均设有平衡锤装置，可将窗户轻松滑动上下开启。为了确保气密性，设在下端接近窗框的导轨，可在窗板推上后隐入窗框，让玻璃窗滑入室内的垂壁内。位在上侧可收纳的玻璃窗上部，有1/3的高度隐藏在顶棚内。垂壁内藏设有纱窗、可向下拉动，可让从水边吹来的凉风沁入屋内，穿过至另外侧的凉廊与走廊门边。由于这里处在湿地、蚊虫较多，因此这是一种能为此地人们提供舒适生活且充满智慧的窗户。

庭院之窗

Windows in the Garden

由于有着窗户这类构造，而让我们会有室内外环境的感觉差异。这种感官作用不仅可发生在被墙壁所围合的建筑环境内，也可存在像是庭院的外部空间中。从这个层面的意义来看，穿过院墙的窗户看似已经让人们的感觉从室内延伸渗向室外，但此时也会带来内部环境相互叠合的场所亲切感，以及向外渗透的解放感，而让人们对于空间感觉的认识变得更为复杂。倘若在这样的窗户旁安放家具，则会导致人们身体所占有的场所感从室内渗向室外，具有这样作用的窗户，我们就称之为"庭院之窗"。在场地中景色最佳处设置这样的"庭院之窗"，可提供给人们作为静坐、进餐、阅读等活动的空间，让人们的身心被树叶、枝干、山石、流水等所环抱。因此，这是一种可让人们在广阔天地间感受虫、鸟、植物生命多样性的窗户。

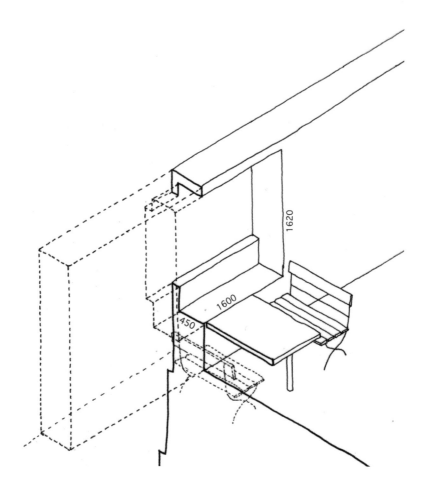

湖滨别墅的庭院

Villa Le Lac Garden

House / Vevey, Switzerland / Cfb

勒·柯布西耶所设计母亲之家的庭院。在邻近湖畔的混凝土墙上开设窗口，并设有桌子一体相连。在大片桐木树荫的环境下，围桌坐在白色长凳上，可以远眺莱芒湖（Lac Leman）的景色。因此，虽然身处庭院内，但却有如同家中的亲切感。

©FLC/SPDA

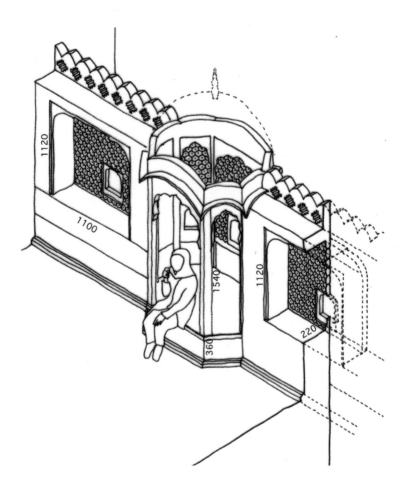

风之宫的庭园

Hawa Mahal Courtyard

Palace / Jaipur, India / BW

位在斋普尔"风之宫"的屋顶庭园。在这庭园中央可见到六边形平面的龛亭（Jharokha），由于十分地通透，所以通风良好，且被冰凉的石壁所围绕。因此当人们身处其中时，可让受到炎热灼晒的身体获得良好的遮荫保护。

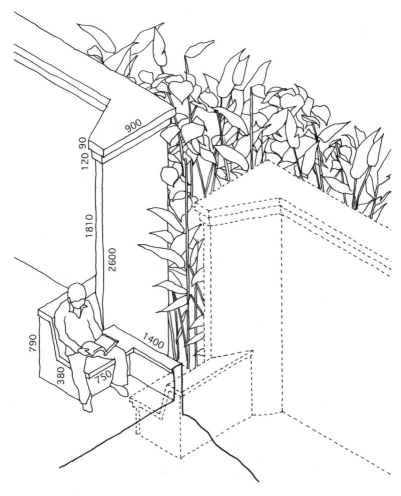

卢奴甘伽别墅的庭院

Lunuganga Garden

House / Bentota, Sri Lanka / Af

位于杰弗瑞·巴瓦所设计的卢奴甘伽别墅。在被周遭树丛植物遮掩隐没的院墙上设置开口，以及长椅，让墙外的热带雨林丛林进入眼帘。此外，庭院的宁静与丛林的生命活力共融展现，因为开口的设置而形成截然不同的对比景象。

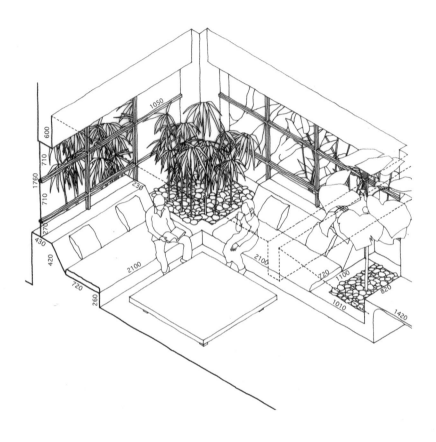

卢奴甘伽别墅的北露台

Lunuganga North Terrace

House / Bentota, Sri Lanka / Af

位于杰弗瑞·巴瓦所设计的卢奴甘伽别墅内。尽管这里所设计的是处大凉台，但在这凉台的两面仍然设有 L 型固定玻璃窗，这是为了防风的考量么？在窗边所设置的长椅旁结合种植着观赏植物，与外部的植物融合成为一体，可在视觉上让庭院与居住环境的意境关系变得暧昧不明。

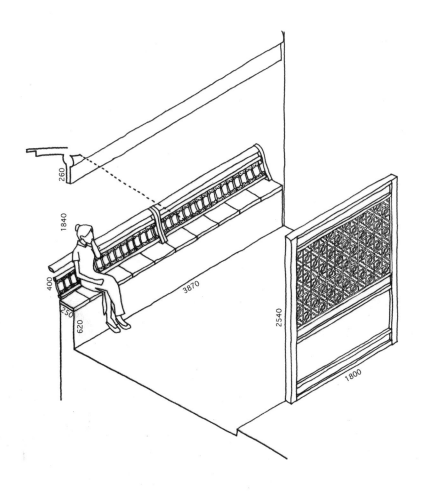

清风池馆

Refreshing Breeze Pavilion

Pavilion / Suzhou, China / Cfa

位于苏州留园的庭院内。亭台在面对庭院池塘的窗边巧设长椅,这种造型优美的曲背长椅称之为"美人靠"。这种座椅的设置是为了让无法经常外出的高雅女性,可坐在这里欣赏眺望风景与休息嬉戏,也因而得到如此优雅的别称。

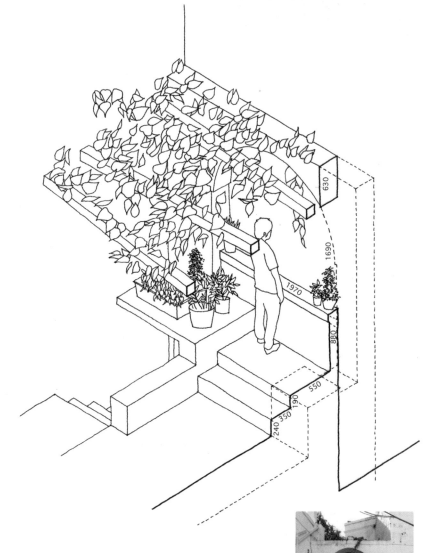

塞里奥宫的庭院

Palazzo Serio Garden

Palazzo / Florence, Italy / Cs

意大利南部奥斯图尼（Ostuni）的宫殿前院。将比街道高出一个台阶高度的平台围合成为庭院，庭院中架设棚架并且种植茂盛的葡萄藤。从巨大的拱形窗口望出去，可见到在纤细的小巷内错落着远近重叠、不见尽头的住屋。

鲁道夫 · 奥加提 Rudolf Olgiati

借助历史文物复兴传统文化的建筑创作

位于瑞士格劳宾登州（Graubunden）的弗利姆斯（Flims），是位于阿尔卑斯山谷地区、居住着大约2500人的村庄聚落。若搭乘汽车前往，途中可眺望散布在整个山谷内的建筑聚落群。在这里的乡土建筑都是石与木的混筑结构，

有着涂刷白石灰的厚墙，以及带有地域特色装饰的独特木雕门窗和家具。建筑皆采取传统的方法和素材构筑，因此，均拥有非垂直于墙面、形状大小各异的窗户，以及角度微略曲折的组合轮廓等。在建筑之中没有一处的特征是相同的，然而却可透过共同所具有的魅力与迷人的建筑语言，将这个村庄中的建筑相互融合为一体。

这个村庄以住宅为主，也留存着建筑师鲁道夫 · 奥加提包括增改建在内的大约30个建筑作品。他非常关心自己从小所生长的格劳宾登州传统文化背景下的风土建筑建造方式，每当这个地方的建筑物被拆迁时，他就会全力收藏被拆迁抛弃的门窗、家具等，尽可能地详细记录并且分类制作目录，然后保管收纳在自家的库房内。这些收藏品包括刻有传统木雕的大型厚重木拱门、人可以通过和干草可以出入的大型玄关门、小开口的粗木窗框、简单朴实的木雕生活器具、使用过的老旧的灯和餐具等小件历史文物，大约有3000多件。此后，再尽可能将这些物件复原至原本的场所，让建筑空间重新复兴以融入新建构的环境中，并积极地增改建那些即将面临拆毁危机的住宅。这里的每一件历史文物都孕育着过去所经历的农家生活，代表着当地的风土民

1.……原木结构上施涂白石灰的改建住宅
2.…………奥加提博物馆展示的历史文物
3.……运用墙的厚度让光线渗入室内的窗

情特色工艺，以及每日所反复存在的生活行为，所投射出的是浓厚的严寒地区地域文化。此外，当这些物件再度地运用到现代的建筑环境中时，除了可让原本的器物功能再度地复兴重获新生外，也可由于这些历史文物曾经是生活中的一部分，而让人们能够回味过去的生活，以及在日常生活中重新地诱发出对于古老文化的想象。因此，现在的生活就被置放在历史的时空之中，运用新旧事物关系的结合而产生出新的建筑空间。换句话说，也就是每天发掘更具有生命力的新事物与历史文物、现代文化与过去文化，或者是建筑与大地等，让各种事物之间都具有相互呼应的共生关系。奥加提的创作让这些历史文物重新被赋予新生命，重新诠释定格在这个地区的现代建筑风格里，这并不仅只是建筑师个人的力量，同时这理念也逐渐被当地生活的住民所接受。因此，妥善地结合运用历史文物，可使弗利姆斯街道上的一栋一栋老旧建筑重新获得新生，并且还可以不断地再发掘具有乡土风格的建筑语言并巧妙地运用至建筑创作之中。虽然这不是一项雄伟建筑的创造，但是却可以带来绝非单栋建筑所能创造获得成效的伟大的社会性构筑物。（今野千惠）

2.

与人相伴

从远处传来蒸汽火车的声音。在那列车厢上，一排红色的窗亮飞驰而过。窗内熙熙攘攘的旅客，有人在削苹果、有人在说笑。一想到人们在车厢内做着各种事情，一阵伤感涌上乔凡尼的心头，他一言不发抬头望向无尽的天空。

——宫泽贤治《银河铁道之夜》

———

这是摘自宫泽贤治《银河铁道之夜》中的一段文字。故事描述的是少年乔凡尼为了抚养卧病在床的母亲，从早到晚辛勤地工作，这让他和学校的同学们逐渐疏远，也无法过上正常的生活。当他听到火车的声音时，他开始浮想车内的场景。一扇扇的车窗，似乎浮现出车窗内旅客自由而欢乐的样子。这些窗内的欢乐景象与乔凡尼焦虑的心情之间形成强烈的反差，而恰是这巨大的心理落差，引领乔凡尼踏上通往银河的铁道之旅。这里的窗户，似乎让我们感受到人性的温暖，也像道路两旁橙黄的路灯，引发人们浓厚的思乡之愁。窗户在这里，更像是通往想象彼岸的起点。

劳作之窗

Workaholic windows

清晨，打开门窗开始营业；夜晚，关闭门窗打烊休息。像这样反映人们生活节奏的窗户，不禁让我们觉得它"像人一样"存在于日常生活之中。我们希望将陪伴人们工作的窗户称之为"劳作之窗"。例如，处理事情的桌面、烹饪台面、卖东西的柜台，以及各种展示商品的货架，都在为街道增添朝气与活力。橱柜的玻璃内摆放着琳琅满目的餐具、杂货，人们看到时都会自然地驻足欣赏。那些金银闪烁、色彩鲜艳的宝石，在阳光的照耀下格外动人，这是店铺内的人工照明所不能带来的。此外，每当看到商店里揉按、切剁食物的场景时，就觉得店铺对新鲜、美味的食物特别自信。这种通常藏在房子最深处（里侧）的劳作空间，当它们与"劳作之窗"结合时，就被转移到建筑物最外侧、沿街的位置。通过这种调整，内外空间的隔阂感被削弱，人们的活动便从局限的室内解放到更宽阔的街道空间。所以在排列着"劳作之窗"的街道上悠闲漫步，是一种特别愉悦的体验。"劳作之窗"不受气候、宗教的影响，出现在世界上各个区域，真像是一种世界通用的语言。

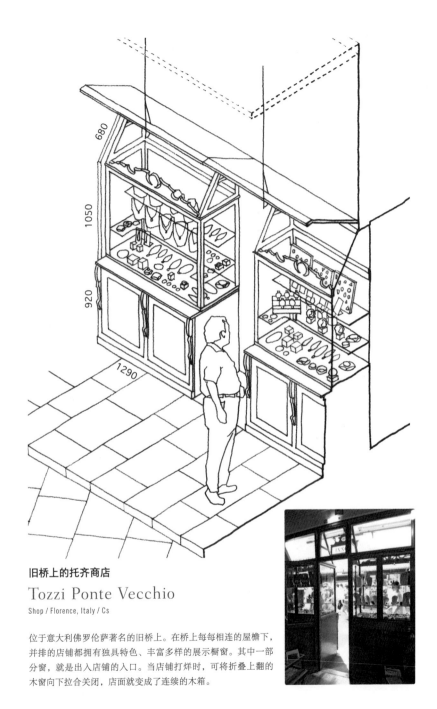

680

1050

920

1290

旧桥上的托齐商店

Tozzi Ponte Vecchio

Shop / Florence, Italy / Cs

位于意大利佛罗伦萨著名的旧桥上。在桥上每每相连的屋檐下，并排的店铺都拥有独具特色、丰富多样的展示橱窗。其中一部分窗，就是出入店铺的入口。当店铺打烊时，可将折叠上翻的木窗向下拉合关闭，店面就变成了连续的木箱。

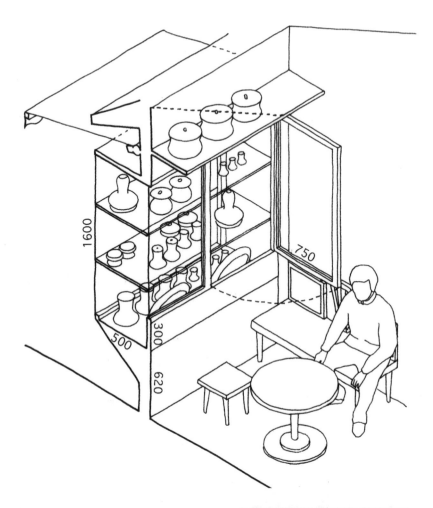

1600

750

500

300

620

巴斯考塞维奇银器工坊

Bascausevic

Shop / Sarajevo, Bosnia and Herzegovina / Df

波斯尼亚·黑塞哥维纳，萨拉热窝的银器工坊。部分
外凸窗兼作收纳与展示柜，在窗柜后方是工匠的作业
空间。当店铺关门打烊时，工匠就会将置放在窗户下
方的木遮挡板嵌装在玻璃窗框的外侧。

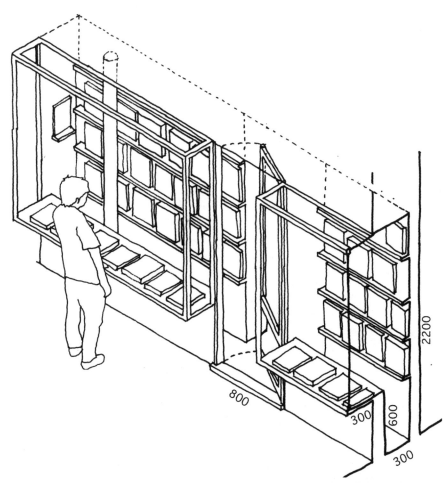

2200

800

300

600

300

拱廊街书店

Librairie des Passage

Bookshop / Paris, France / Cfb

巴黎拱廊街内的书店。运用钢框架围合的展示橱窗与店内
环境进行区隔，在拱廊街上成为独具风格的设计。橱窗内
的尺寸正好能够容纳一个人进出，可让店员容易地进入更
换展示书籍。在展示橱窗的上方设有玻璃楣窗，因此从拱
廊街天窗射入的阳光就可洒进书店。

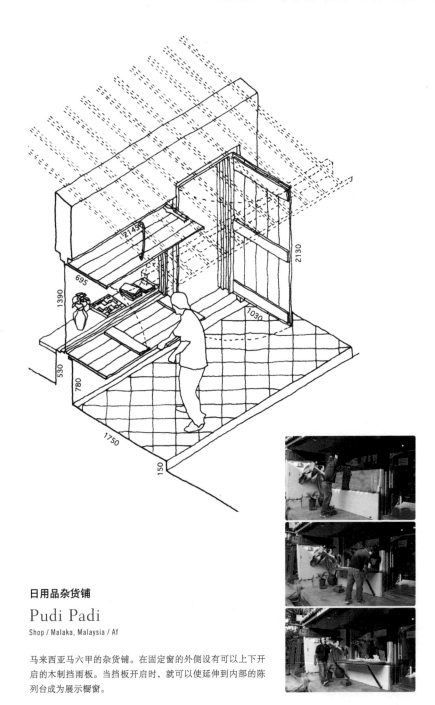

2145

695

1390

530

780

1750

150

2130

1030

日用品杂货铺

Pudi Padi

Shop / Malaka, Malaysia / Af

马来西亚马六甲的杂货铺。在固定窗的外侧设有可以上下开
启的木制挡雨板。当挡板开启时，就可以使延伸到内部的陈
列台成为展示橱窗。

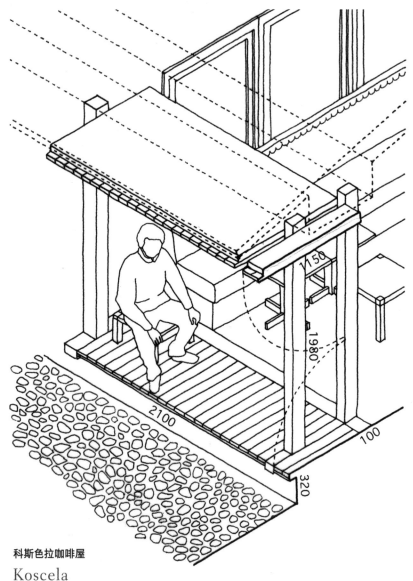

科斯色拉咖啡屋

Koscela

Cafe / Mostar, Bosnia and Herzegovina / Cfb

波斯尼亚·黑塞哥维纳，莫斯塔尔的咖啡屋。设在低矮屋檐下的雨遮窗上挡板可向上撑起，而下挡板可向下摆平，与室内地板连接成为平台。当这雨遮窗的上下挡板都打开时，就表示咖啡屋开始营业了。

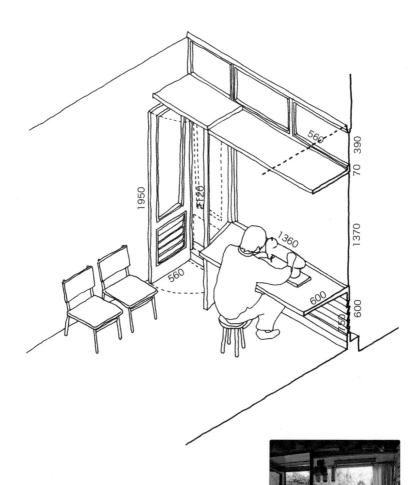

裁缝店

Sewing Shop

Workshop / Safranbolu, Turkey / Cfa

土耳其番红花城内的裁缝店。在固定窗内侧设有个人使用的缝纫机，被布所遮挡的橱窗处设有储架。从街道上望去，可看见裁缝师傅一个人面对着缝纫机工作时的模样。

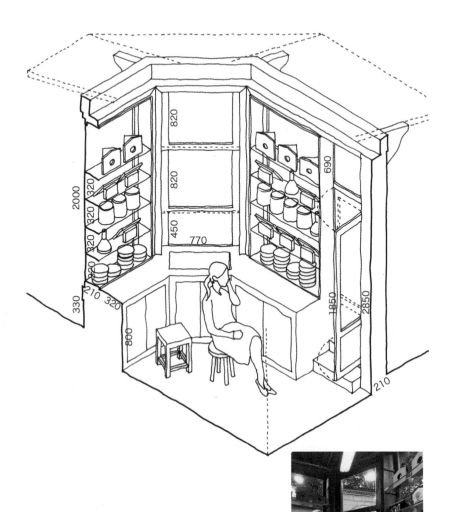

特产品商店

Kuru Kahvecisi

Shop / Safranbolu, Turkey / Cfa

土耳其番红花城内的商店。面对着街的转角处设有上下可以开
启的拉窗，进行商品包装与顾客交易的柜台就设在这窗台旁；
在这拉窗两侧的固定玻璃窗处则设有可以陈列商品的玻璃展示
货架。

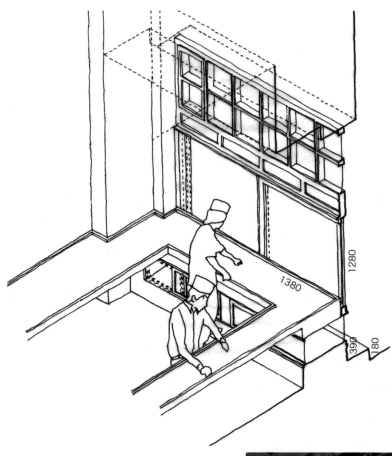

1280

1380

390

180

华厦餐馆

Konak Kebap Salonu

Restaurant / Istanbul, Turkey / Cs

伊斯坦布尔伊斯提克拉大道（Istiklal）的餐馆。在店面正面上方设有分格成小方格的固定窗，中间部分设为作业台，并设有可左右拉动的横拉窗，下方则设有展示橱柜。将"制作"、"展示"、"售卖"等功能融合在同一扇窗内。

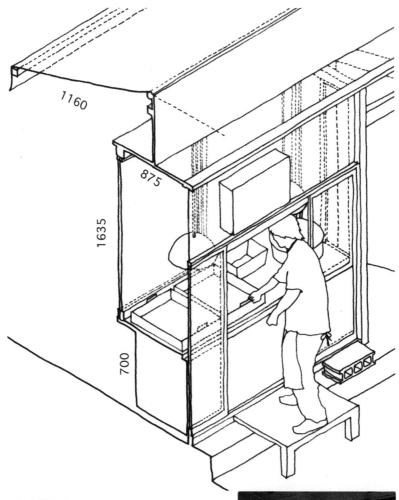

1160

875

1635

700

辣炒年糕餐馆

Ddeokbokki Dining
Restaurant / Seoul, Korea / Dw

首尔明洞的辣炒年糕餐馆。街上常可见到的摊车与店面
结合，改造设计成凸窗。摊车的3面被推拉铝窗所围合，
在被围合的摊车上设有置放工作铁板与锅具的小型厨房。
在这个凸窗的外顶部，则设有可伸缩的遮棚，可根据日
照状况进行有效的伸缩调节。

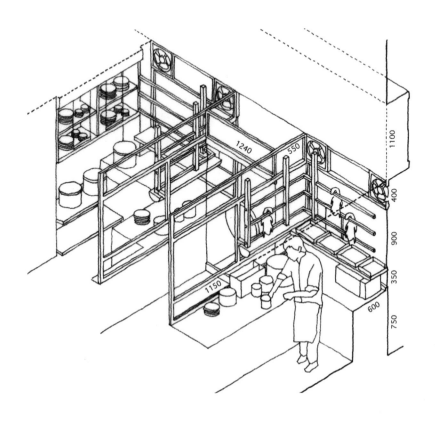

蛇王芬饭店

Ser Wong Fun Restaurant

Restaurant /Hong Kong, China / Cw

香港的餐馆。店面出入口设在中间，两边则将固定窗与穿板组合设置。从街道上望去，就能看见吊挂在窗口上已经熏烤完成的烤鸭。此外，相较于客人的座席，厨房更接近公共空间，这样的设置已经成为香港餐馆的共同特色。

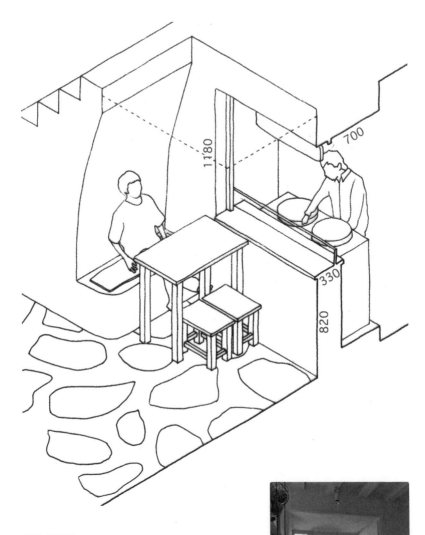

维德薄饼屋

Verde

Shop / Mykonos, Greece / Cs

希腊米克诺斯岛上的薄饼屋。设在上层的外廊阳台与楼梯结合处，窗户外侧正好可形成内凹状的空间；在这个空间下方可置放长椅以及桌子。此外，窗户看起来像是隔屏，可以透过并看见置放煎烤薄饼的圆铁盘。

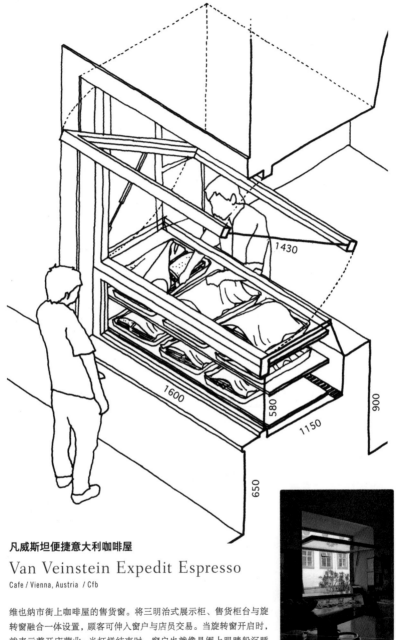

1430

1600

580

1150

900

650

凡威斯坦便捷意大利咖啡屋

Van Veinstein Expedit Espresso

Cafe / Vienna, Austria / Cfb

维也纳市街上咖啡屋的售货窗。将三明治式展示柜、售货柜台与旋转窗融合一体设置，顾客可伸入窗户与店员交易。当旋转窗开启时，就表示着开店营业；当打烊结束时，窗户也就像是阖上眼睛般沉睡休眠。

穿越之窗

Threshold Windows

设计师伊姆斯夫妇（Charles and Ray Eames）所导演的影片《姐弟追逐》（Lucia Chase Vignette, 1978）中，有一幕是弟弟抢走姐姐的日记后，轻快地从窗口飞窜而出的场景。此外在电影《彼特潘》（Peter Pan）中的经典一幕，也有彼特潘和温蒂前往梦幻岛的旅行时，从窗户一跃而出飞向夜空的场景。像这样，通过窗户进出建筑内外的场景，经常被人们运用于塑造具有奇幻色彩的故事情节。从这种场景中，我们意识到一种突破门窗既定区分的，更具生命力的存在。可能人们非常容易忽略，穿越墙壁所潜藏的内在能量，这种能量会把窗框的局部向下拉拽，直到接触地面。也就是说，他们凭借对生命力的敬意，迎接宾客的到来。我们希望称呼这种门窗概念合一的窗户为"穿越之窗"。

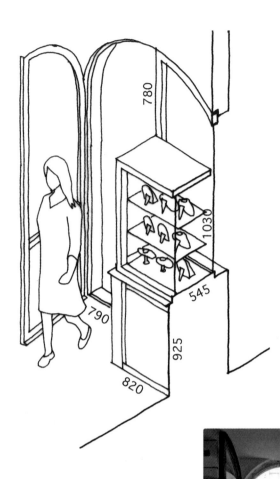

瓦伦饰品店

Valen

Shop / Dubrovnik, Croatia / Cs

克罗地亚，杜布罗夫尼克的饰品店。由于整排商店仅
与一条主要的商业街道接连，导致建筑物的正面宽
度相当地受限。为了应对这样的局限条件，而把出
入口与展示橱窗结合为一体，这种样式称之为曲侧窗
（Knee-side-window）。

市场

Trznice

Cafe / Ljubljana, Slovenia / Cfb

位于斯洛文尼亚的卢布尔雅，由建筑师荷西·普列切尼克（Joze Plecnik）所设计的市场。一个店铺只占有一个拱形窗门，在这拱形窗门上由大窗楣所分割，将窗门划分成上下两段，上段再被均分成左右两部分，下段则被均分成三部分。在下段的中央部位设有可出入的门，曲侧窗是由重复对称的镜像方式所构成的。

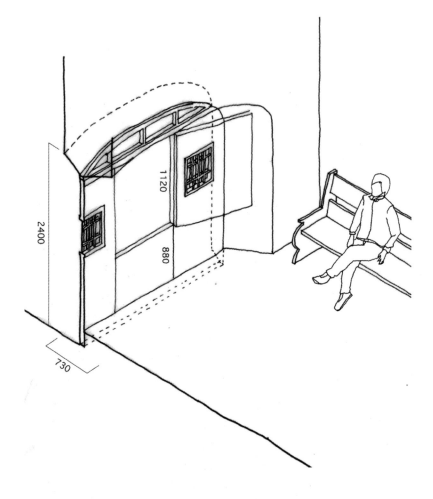

瓜尔达的住宅门厅
House in Guarda Entrance
House / Guarda, Switzerland / Df

瑞士瓜尔达的住宅门厅。将曲度和缓、斜度较低的拱券，按照人体高度划分成上下两段，设置成固定楣窗与木门。木门左右分成三部分，中央部分的门再切割划分成上下两段，可分别地开关。此外，在这窗门的内外侧均设有长椅，可供人们休息。

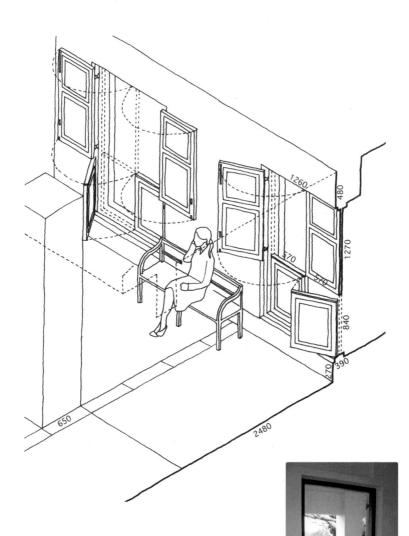

卢奴甘伽别墅的餐厅

Lunuganga Dining
House / Bentota, Sri Lanka / Af

位于斯里兰卡由杰弗瑞·巴瓦所设计的卢奴甘伽别墅。凉廊上整排的门窗均分设成上下两段，可分别地开启。此外，无论是开启或是关闭，黑框图案均可让窗户产生有趣的设计美感。

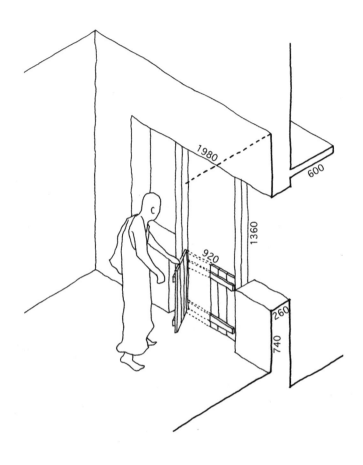

平纳瓦拉佛寺

Buddhist Temple in Pinnawala

Temple / Pinnawala, Sri Lanka / Af

斯里兰卡的平纳瓦拉佛寺宿舍。由于这座城市隶属于亚热带气候区，因此窗户上几乎都未设玻璃。窗户上侧环绕设有屋檐，可挡雨且导引通风。此外，还设有与腰墙高度相当的门扇。

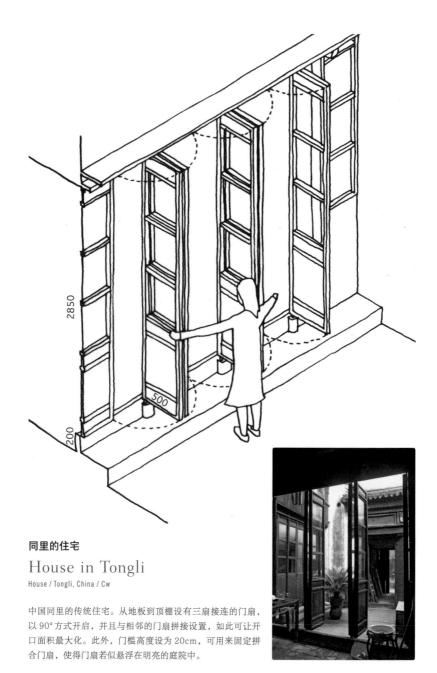

2850

500

200

同里的住宅

House in Tongli

House / Tongli, China / Cw

中国同里的传统住宅。从地板到顶棚设有三扇接连的门扇，以 90° 方式开启，并且与相邻的门扇拼接设置，如此可让开口面积最大化。此外，门槛高度设为 20cm，可用来固定拼合门扇，使得门扇若似悬浮在明亮的庭院中。

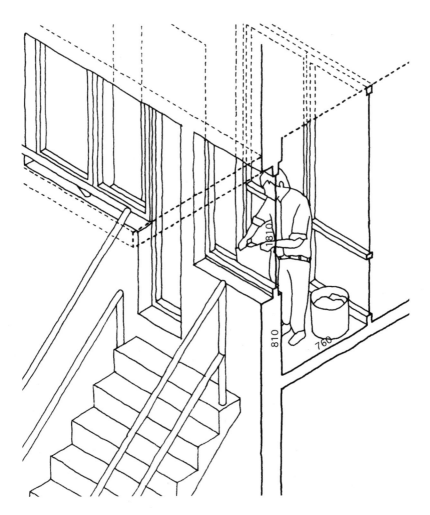

堡卡社会保障性住房

Bouca Social Housing

Apartment /Porto, Portugal / Cs

位于葡萄牙波尔图由阿尔瓦罗·西扎（Alvaro Siza）
所设计的集合住宅。将与室外楼梯紧贴的水平连窗连
接玻璃框门，并在长条的立面上规律地重复设置。同
时，未设平台的楼梯与门接合，并将梯边扶手与窗前
的水平晾衣竿连接。因此，可将看似常见但熟悉但却不
相干的要素相互糅合，而形成紧凑的关联。

克里斯多夫·亚历山大 Christopher Alexander
经验源自内在时间的积累

　　当场景中出现面对大海的小屋、窗户、倚靠着窗边的座椅等并列而出的画面时，很容易让人们联想到轻松自在、放松休息地坐在椅子上远眺大海的浪漫景象。倘若窗外的景象就是墙壁，应当不会有人向窗外眺望吧！或许若在窗边未安设座椅，人们也可能会因为无法长期逗留而选择离开吧！大海——窗户——椅子的裙带关系，会决定着人们留在这里体验的特性。假如将"窗户"的这个要素单独地取出，人们就无法眺望大海，也就不会有人有倾听波涛声响而悠然自在地休眠体验了。因此，像这种以大海——窗户——椅子而形成的裙带关系，就是一组不可分割的组成。克里斯多夫·亚历山大在他的著作《建筑模式语言》（A Pattern Language）一书中，就将这种组合的单元，称之为模式（Pattern）。比如，在书中的"面向街道的窗户"一词，可以从中想象出屋内的人们、窗户、街道间所存在的任何关系，居住在屋内的人既可以维护个人的隐私，又可以向街道上进行眺望，对于路过的人们挥手打招呼或者交谈，在书中均详细地描述了这些主题之间的相互关系。此外，各个所谓的模式也并不是单独存在的，需要与其他的模式相辅相成才

能共同发挥作用，而让模式变得更具有生命活力。就因为这些模式相互间均具有有机特性的关联，所以若将各个模式的关系相互连接，就可以建造出一个从城镇到建筑物，甚至连周边家具都洋溢着生命力的整体环境，这就是所谓的"建筑模式语言"理论。

　　1985年时，在日本运用这个建筑模式语言理论建造了盈进学园东野高等学校（东野高校）。亚历山大的设计团队，首先让参加的使用者选出模式，然后将这些模式进行整理，并谨慎地组合连接，再根据现场的情况加以修改调适。结果，东野高校的校园就成了一所与所谓近代学校设施不同，而犹如小

1.········「面对街道的窗」，并排的教室
2.··················柱列「拱廊」
3.··················窗边的「壁龛」

村庄或城镇市街的场所。研究中将编入校园里应用的模式用"「」"进行标注，并尝试探索这个空间的特质。当进入校园跨过第一道门后，经过如道般的羊肠小径，就可以抵达第二道门，当再走进中央广场后紧随而来的是一连串序列式的「转换入口」。运用黑瓦将屋顶覆盖相连而形成教室群，并以大木构架的大型礼堂作为具有庆祝等活动的场所。校园中可见到在硕大的「水池」上倒映着涂有黑漆的体育馆山墙剪影。设在教室间的附属建筑，为进深1.8m并在正面开口设有「小花格窗玻璃」、被称为游廊的小空间，是为在休息时间与放学后校内学生们聚会聊天，或与校外学生进行交流的场所，可说是「面对街道的窗」。在户外

还设有当地大谷石所制作的「庭院长椅」，对面则设有涂着白灰涂料的柱列「拱廊」，将分栋形式的教室相互连接。沿着食堂的窗边，设有连续排列并具有亲密感的「壁龛」。在竣工时，这所学校被部分人称作是混杂着仿日本样式的庸俗后现代建筑，外国人则批评它只是在表面展现了江户时期浮世绘景象的作品。但是在竣工25年后的今天，黑瓦褪色成为灰瓦，外墙则由于日晒而变得焦黑，好像很久以前这些建筑就存在一般，从而带给当地一种独特的历史怀旧感。校园中的每

一处角落都可让人们自然而然地亲近，即使是初次到来的人们，也能感受到熟悉的感觉。这种模式固然是人类生活经验的总结，虽然是间接的，但是似乎能够让人们感受到时间的积累。原本从人类历史的角度来看，需要经历甚多世纪才能够培育而出的村庄或市街，在这里仅需要极短的时间就可创造产生，这就是建筑模式语言理论的魅力！经历过不可思议的后现代主义狂热后而苏醒的今日，不是应当再次冷静地审视思索这个论题的价值吗！（能作文德）

歇坐之窗

Seating Windows

———

在窗边设置座椅或沙发，能够让人们以舒适安稳的姿势长时间呆在窗边。把阳光容易照到的地方改造成人类生存的场所，是一种最直接、最原始的建筑手法。同样地，这种手法也会顺应人类喜阳的本能，在尽可能接近阳光的地方营造可供歇坐的位子。这些座位有时背对阳光，像是阳光从背面拥抱你；有时为了观景而面向阳光；有时人们相视对坐。像这样的"歇坐之窗"，帮助我们和窗外的美景、触手可及的树枝、过往的路人，共同度过美好的时光。这种体验，引发我们重新思考事物之间的联系，并对空间认知提出了重要的反思。意思是说，通常的空间认知中，我们会认为房子的边界远比事物的联系更容易被感知，像房间里较远的厨房或书柜所形成的空间组团，会比就在窗外的树木更有存在感。按照这样的逻辑，即使是与你距离更近的事物也会在意识上被排挤和疏远。所以，人们倚坐在窗边，意味着固有的空间认知会发生动摇，使房间围合出的整体感不断弱化（成为相对的状态）。进而将我们引导到跨越内外界限的、与自然相连的空间认知之中。

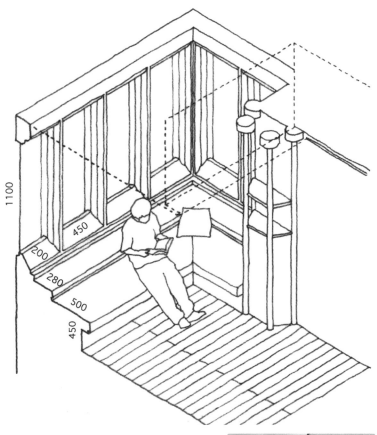

1100

450

200

280

500

450

布莱克威尔宅的白屋

Blackwell White Room

House / Bowness on Windermere, England, UK / Cfb

位于英国温德米尔－鲍内斯镇由贝利·斯科特（Baillie
Scott）所设计的住宅。在矩形平面的凸窗边安装着固定沙
发长椅，沙发面上由于受到阳光照射而光洁亮丽。透过窗
户从高处俯瞰的田园景色可成为窗的背景，从而带给人们
漂浮在半空中的视觉印象。固定形式的玻璃窗框，外观似
乎可让人感觉是仿罗马样式风格的石窗框，然而实际上所
展现的却是不同的精致意象。

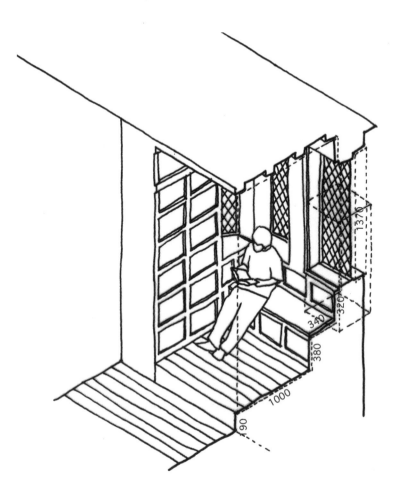

红屋

Red House

House / Bexleyhadth, England, UK / Cfb

位于伦敦郊外的博克斯雷，由飞利浦·韦伯（Phillip Webb）所设计的威廉·莫里斯宅邸（William Morris Red House）。二楼部分是外向出挑的龛形空间，向下逐渐窄缩直达地面。在龛上两扇窗的上方有着像是眼睑一般凸起的防雾檐，再上方则是以石板片材铺砌、外挑出檐的小屋顶，像这样的形象可以让人们联想起人脸。此外，以这样形体所构筑生成的室内环境，则是被射入的稳定柔和的光线充满的安静场所。

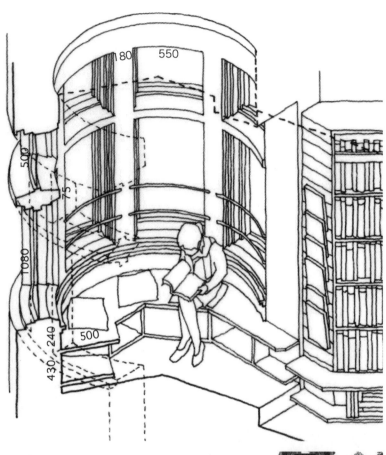

水石书店

Waterstones Booksellers Ltd

Shop / London, England, UK / Cfb

位于伦敦的书店。在二楼的屋角凸出部位,所谓的"凸肚窗"旁安放长椅,这里就成了阅览空间。二楼屋角的平面是圆形的,三四楼的屋角则是多角形的,这样的造型设计可以带给街角丰富多样的景致。

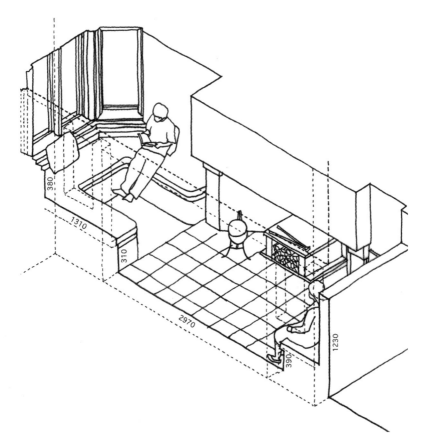

380

1310

310

2970

1230

390

布莱克威尔宅的主厅

Blackwell Main Hall

House / Bowness on Windermere, England, UK / Cfb

位于英国温德米尔－鲍内斯镇，由贝利·斯科特
（Baillie Scott）所设计的住宅。在这栋住宅的大
客厅内以暖炉作为中心，将与长椅、窗户相连的
壁龛形成区隔。当人们坐靠在长椅上时，将会被
窗外射入的阳光与暖炉的辐射温热团团裹住，这
应当就是一件幸福快乐的事吧！因此，与石窗框
的沉重质感相比，玻璃似乎就感到不存在了！

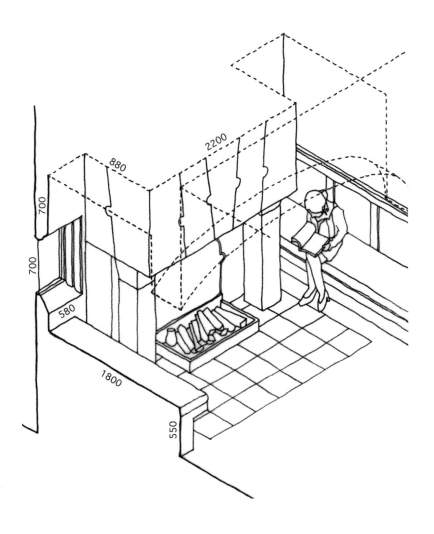

880

2200

700

700

580

1800

550

布莱克威尔宅的餐厅

Blackwell Dining Room

House / Bowness on Windermere, England, UK / Cfb

位于英国温德米尔－鲍内斯镇，由贝利·斯科特所设计的住宅。餐厅内设边炉（Inglenook，存放暖炉的壁龛），并将长椅与彩绘玻璃对称设在炉边两侧。边炉上的石材与装饰的瓷砖，可以吸收存储暖炉的热量，以克服冬天窗边的严寒。

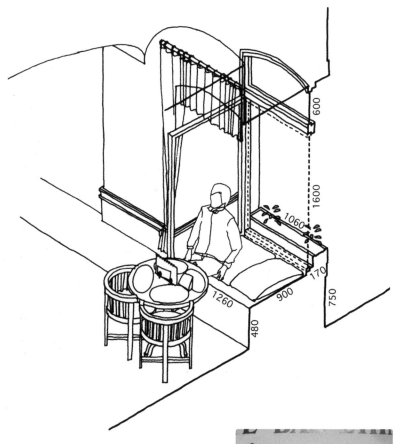

爱斯诺咖啡屋

Ethno

Cafe / Prague, Czech Republic / Cfb

位于捷克布拉格的咖啡馆。以穹顶顶棚与柱所构成的门、窗形象，重复层叠地出现在街边。在墙壁厚度所形成的壁龛窗旁，光线因汇聚而导致光亮，放上坐垫之后这里就可以变成双人座席。窗口上设有可内开的单扇窗，内开后刚好可以收纳在窗口内侧的墙边。当打开窗户后，屋内环境与街道之间就可以相互连接。此外，在窗户上方还装有空调系统。

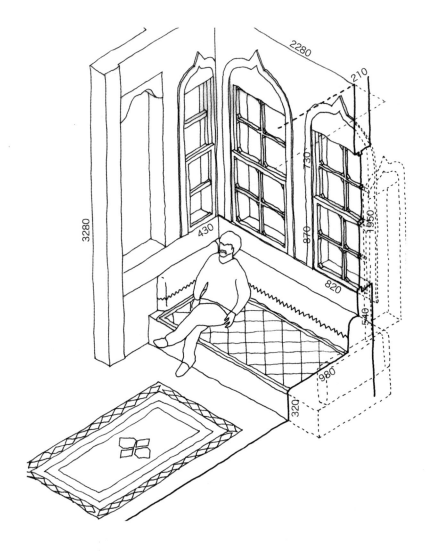

穆塔奇亚的历史保护住宅

Mumtazia Preserved House

House / Safranbolu, Turkey / Cfa

土耳其番红花城的典型住宅。在飘窗旁安置沙发,坐在窗旁时光线与热量就似乎会汇聚在身后。坐在沙发上所见到的都是室内景象,由此可知眺望窗外的景象就显得次要。此外,4 页窗扇均可向上推拉,用以调节窗户开启。

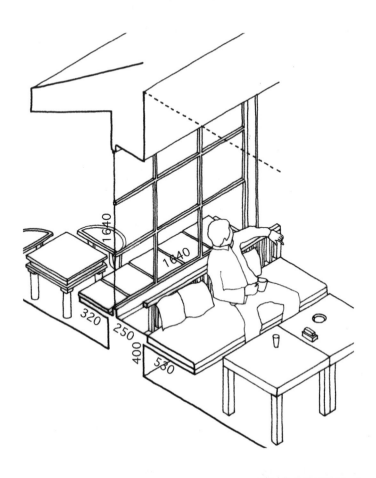

1 640

1 640

320

250

400

530

恩诺特卡咖啡屋

Enoteka

Cafe / Sarajevo, Bosnia and Herzegovina / Df

波斯尼亚·黑塞哥维纳，萨拉热窝的咖啡馆。在面对街道的窗外设有低深的屋檐与遮棚，以及在人们安坐的高度处设置窗台，并在窗台的内外侧安放固定式长椅。此外，设在窗外侧的长椅是可折叠的。

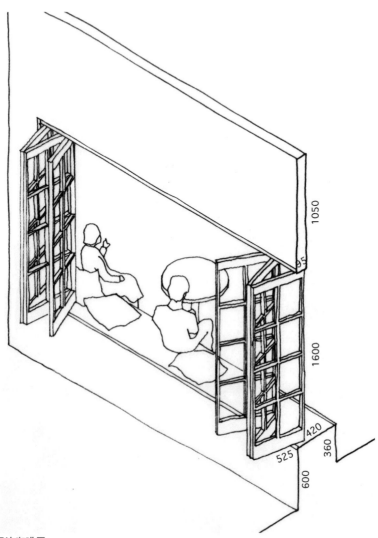

1050

85

1600

420

525

360

600

周边咖啡屋

Peripheral

Cafe / Brisbane, Australia / Cfa

澳大利亚布里斯班的咖啡馆。可将 4 折扇叶的折叠木窗折合收纳到窗户两边，让窗对外完全开放。
此时窗台就变成长椅，人们如同坐在街边。此外，设计成柜台样式的酒吧窗可与冲浪者文化相互融合，
让这间咖啡屋因而变得更加地开放。

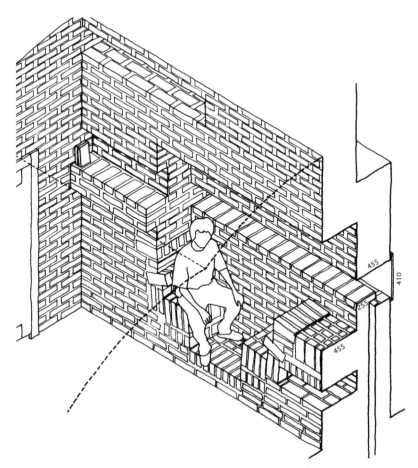

圣彼得教堂
St. Petri Church

Church / Klippan, Sweden / Cfb

位于瑞典克利帕，由建筑师斯谷尔
德·勒维伦茨（Sigurd Lewerentz）
所设计的教堂。建筑结构为双层构造的
红砖墙，墙内空腔层可作为暖房专用的
通气层。同时，在窗边设有叠砖砌筑而
成的长椅，坐在上面可眺望公园的景
致。此外，在窗开口处未设窗框的玻璃
窗板以金属构件最小限度地4点支撑，
使得窗板与开口紧凑地接合。

阿尔罕布拉皇宫的梅苏亚尔宫

Alhambra Sala del Mexuar

Palace / Granada, Spain / Cs

位于西班牙格拉纳达的阿尔罕布拉皇宫中的梅苏亚尔宫。木窗户开口被分割成左右扇，每扇窗板再被分割成上侧双开木窗，以及下侧固定玻璃窗。此外，在窗框的两侧则利用墙壁厚度，设置相对长椅。在椅背饰边以下的部位铺贴瓷砖饰面，上方则铺贴钟乳石材饰面。

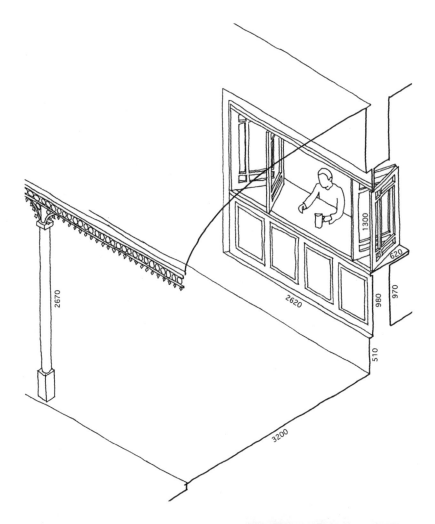

2670

1300

620

980

970

2620

510

3200

爱尔兰墨菲酒吧的吧台

Irish Murphy's Counter

Cafe, Bar / Brisbane, Australia / Cfa

澳大利亚布里斯班的酒吧。墙上的家具像是被设计
过的一样，巧妙精确地将柜台与窗户嵌入墙内。当
木折叠窗完全开启时，吧台就成为室内外的分界，
客人可聚集在店内、外的檐廊两旁，共饮啤酒饮料。

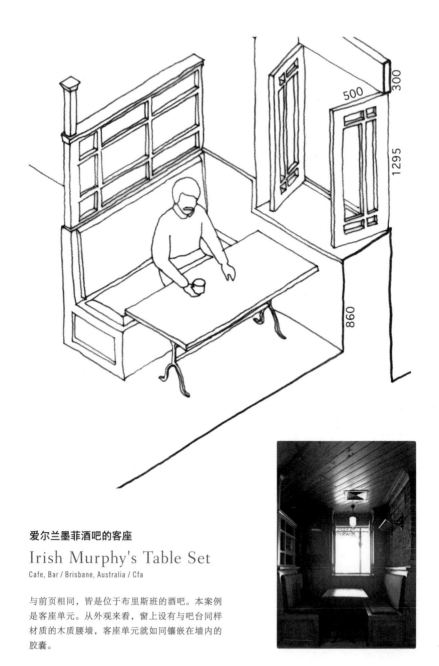

爱尔兰墨菲酒吧的客座

Irish Murphy's Table Set

Cafe, Bar / Brisbane, Australia / Cfa

与前页相同，皆是位于布里斯班的酒吧。本案例是客座单元。从外观来看，窗上设有与吧台同样材质的木质腰墙，客座单元就如同镶嵌在墙内的胶囊。

罗伦佐咖啡馆
Di Lorenzo

Cafe / Sydney, Australia / Cfa

悉尼市帕丁顿镇（Paddington）的咖啡馆。靠近街边侧有上下推拉的连排木窗，在窗内侧设有柜台式长桌、外侧则有小型搁板，将番茄酱、芥末酱、胡椒粉等调味品挤放在搁板上。窗外装设大片外扩式遮阳卷棚，可让窗内柜台式长桌与窗外散座形成环境整体感。如此则可带给邻近的人们，充满着餐厅般共享用餐的轻松欢乐气氛。

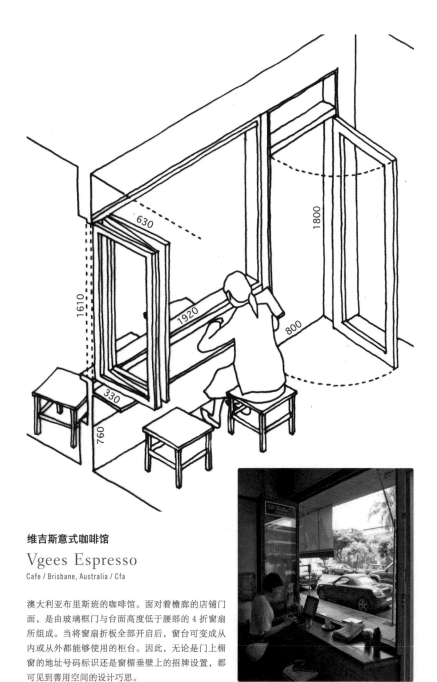

维吉斯意式咖啡馆

Vgees Espresso

Cafe / Brisbane, Australia / Cfa

澳大利亚布里斯班的咖啡馆。面对着檐廊的店铺门面，是由玻璃框门与台面高度低于腰部的 4 折窗扇所组成。当将窗扇折板全部开启后，窗台可变成从内或从外都能够使用的柜台。因此，无论是门上楣窗的地址号码标识还是窗楣垂壁上的招牌设置，都可见到善用空间的设计巧思。

安眠之窗

Sleeping Windows

———

人们通常更愿意在舒适而围合感强的地方睡觉，如果在此基础上，还有充足的进深和开窗，加上柔软的靠垫，就足够引诱人们在此躺下休息了。我们希望称呼这种窗户为"安眠之窗"。身处这样的窗户，身体与外部空间自然地连为一体，倘若窗户向外突出，便会让身体的多半伸出建筑之外。如果在这样的床边睡觉，一定会有一种奇妙的兴奋感。夜晚，躺在这样的窗边，将会被星空——世界上最大的穹顶所相伴环绕；午睡时，阳光会成为天然的毛毯，拂风会成为天然的凉被。

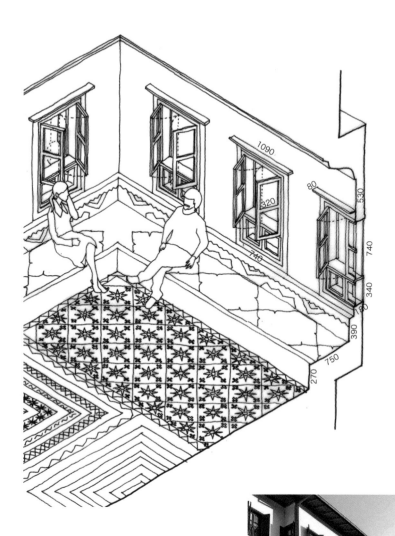

凯马坎勒历史保护住宅的起居室

Kaymakamlar Preserved House Living Room

House / Safranbolu, Turkey / Cfa

土耳其番红花城的传统住宅。房间窗户为上下两段并列的双开（内开）窗，L型沙发固定设在窗边，像是等待迎接着亲戚们的到访。

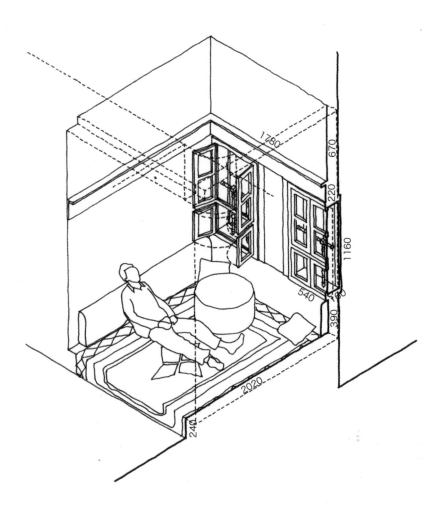

巴斯顿谷民宿

Bastoncu Pension

Hotel / Safranbolu, Turkey / Cfa

土耳其番红花城的旅馆。在装设两扇分段双开（内开）窗的凹室空间内铺着地毯，并在四周安放靠背枕垫。因此，整个环境就像是一张大型沙发，在这沙发上还放着低矮小圆茶几。

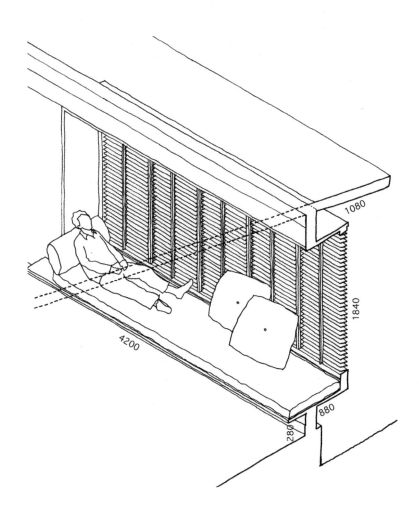

塔拉之家

Tara House

House / Mumbai, India / Aw

位于印度孟买近郊，由孟买工作室（Studio Mumbai）所设计的塔拉之家。飘窗上未装玻璃但设有可调整角度的木百叶，配合窗户在窗边设有足够宽度与长度的多用途沙发。因此，这是一处可让人们置身在不受到海风吹拂影响的庭院绿意之中，又可躺下休息的环境。

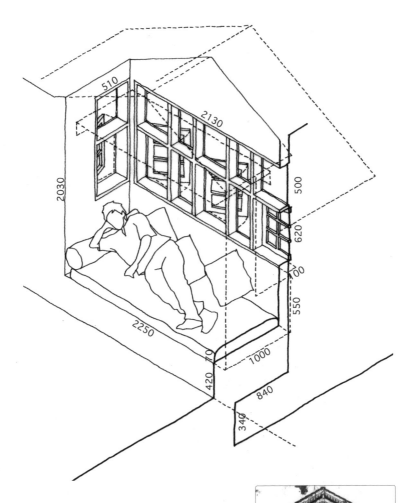

斯里布哈撒旅馆

Sri Budhasa

Hotel / Bentota, Sri Lanka / Af

位于斯里兰卡本托塔，由传统住宅改建而成的殖民风格式旅馆。山墙上部凸窗的挑檐深度很大，因此置身窗边就像是处在微风徐徐吹入庭院、被屋檐暗影遮荫的阴凉环境中。

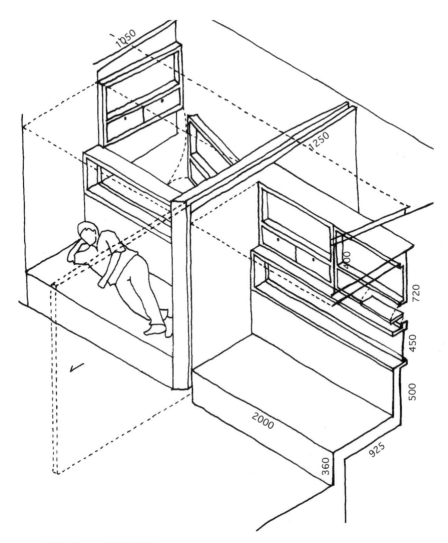

亚瑟与伊冯·博伊德艺术中心

Arthur and Yvonne Boyd Art Center

Art Center / New South Wales, Australia / Cfa

位于澳大利亚悉尼近郊，由格伦·马库特（Glenn Murcutt）所设计的亚瑟与伊冯·博伊德艺术中心的旅馆。在凸窗里设有床，窗户上段是双开木窗，在双开木窗的下部，也就是整窗中间段设有可下拉摆平的小木窗，下段还设有横长的固定玻璃窗。此外，在凸窗外部两旁设有垂直遮光板，其中中央部位的大遮阳板还兼有收纳隔板的功能，可将从室内连到室外的隔板进行拉伸收放使用。当将这个隔板拉伸出来后，就可将窗边空间区隔成个人休息间。

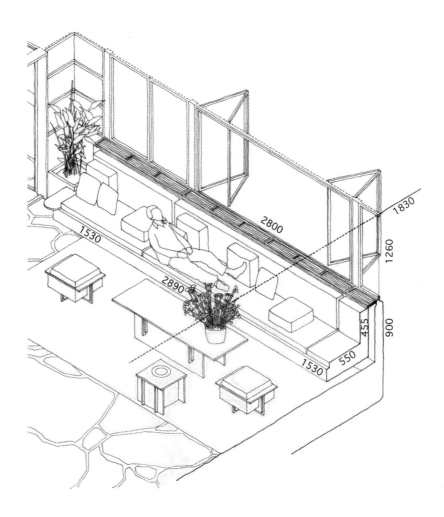

流水别墅
Falling Water
House / Mill Run, PA, USA / Cfa

建筑师弗兰克·劳埃德·赖特所设计的流水别墅。住宅的建造突出跨越在小溪之上，在最接近小溪的中心客厅设有长条横窗，且在所有的窗旁都设有固定式长椅。此外，客厅的顶棚也向室外扩张延伸，如此可以消弭室内外的界限。因此，躺在这样内外空间相连的环境之中，可让人们感到愉悦、充满乐趣！

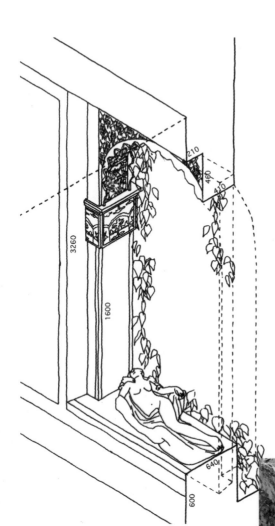

比拉多之家的庭院

Casa de Pilatos Garden

Palazzo / Sevilla, Spain / Cs

位于西班牙塞维亚，建于15世纪并被称为比拉多之家的豪宅庭院。窗台边缘以精致的石雕装饰着穆德哈尔式拱（Mudejar arch），并以清亮通透的常春藤叶附加装饰。此外，在窗台上设有大理石裸体雕塑，以沉醉横卧的姿态长眠于此。

观景之窗

Observing windows

在建筑物的高处，可以眺望远方街道或风景的窗户，我们希望
称之为"观景之窗"。仅仅用来瞭望监视的军事高塔，已经随
着战乱时代的远去而逐渐消失；如今的窗户变成观看道路行
人，或是车辆、动物的事物。像这样即便身处室内，也能"参
与"街道活动的状态，有很多深刻的意味。此外，当人们在凸
出于墙面的位置时，能够同时处于内外之间的壁龛（Niche）
空间之中。换句话说，这个空间既是观看室外的，同时又是被
街道行人所观看的。由于"观景之窗"经常位于建筑物立面的
高处，像是建筑物的眼睛，所以即使窗内没有人，也像是在代
替建筑物观看街道。而这种窗户，正是以这种方式参与和塑造
着公共空间的意义。

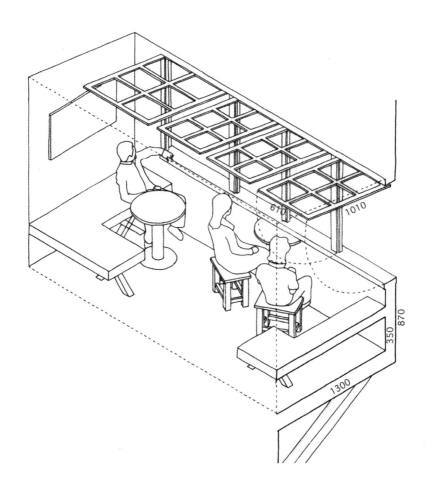

拉索迪亚酒吧

Rapshodia

Bar / Mykonos, Greece / Cs

希腊米克诺斯岛的酒吧。酒吧内设有面向爱琴海的凸窗，凸窗为向内上翻的悬窗，在窗旁安放坐椅，以及可搁放玻璃杯或烟灰缸的小桌子。因此，在这里为了能够让人们专注于眺望景色，无需多设没有必要的装置。

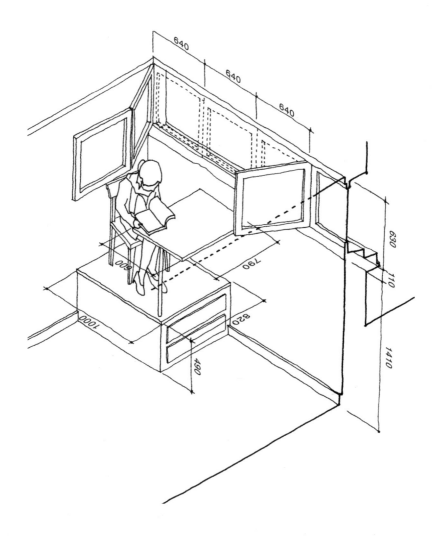

湖滨别墅的卧室

Villa Le Lac Bedroom

House / Vevey, Switzerland / Cfb

勒·柯布西耶所设计的母亲之家增建部分的卧室。在窗旁设有高度为 500mm 的平台，并在平台上安置着固定的桌椅，坐在这里正好可以眺望远处的莱芒湖。此外，与顶棚相接的水平窗所射入的阳光，则会徐徐地在顶棚上反射映照而深入房间深处。

©FLC/SPDA

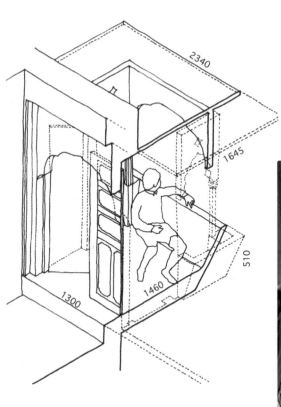

迪巴帕拉的住宅

House in Dhibbapara

House / Jaisalmer, India / BW

位于印度贾沙梅尔城的住宅。在狭弄窄巷的街道上，可不时地见
到外凸于墙面被称作龛间（Gokura）的阳台，这空间从室内到室
外皆重复地出现着拱形开口，如此可塑造出窗边深入的进深感。
此外，在近室内里侧的拱上设有双开木门，靠道路外侧的拱上则
设有垂布，并用绳索扎绑，以方便调节日照与通风等。

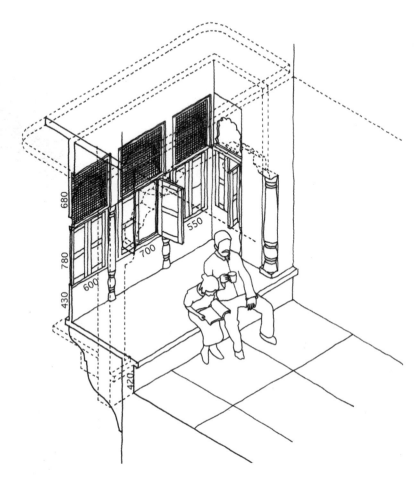

蓝色城市的住宅
House in Blue City
House / Jodhpur, India / BW

位于焦特布尔的超高密度居住区（蓝色城市）。住家用户为了消暑与防虫，而将室内外墙面全部涂成蓝色。凸窗设成被称作"连栱"（Diwankana）的龛窗，在窗户的里侧面墙设有大拱、外侧面墙则设有3个重复的小拱，且外凸于街道上形成凸窗空间。此外，在外侧面墙的拱窗上设有双开(内开)木窗，以利于调节光照与通风。

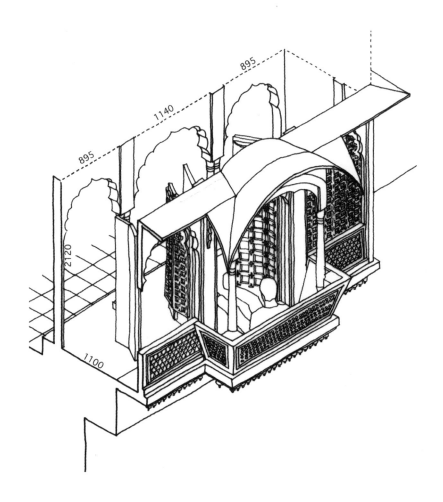

895

1140

895

2120

1100

帕特旺奇哈维利住宅
Patwon-ki-Haveli
Merchant House / Jaisalmer, India / BW

位于贾沙梅尔，19世纪时由耆那教（Jainism）商人所建造的华丽住宅，住宅跨越在哈维利街道的两旁。住宅中设有被称作"连拱"的三连拱形落地凸窗，并以透空缕雕的石板装饰，以减轻厚重感。在这落地凸窗的中央部位更是向外突出，如此可以带给所处其中的人们带来空中重力的解脱感。

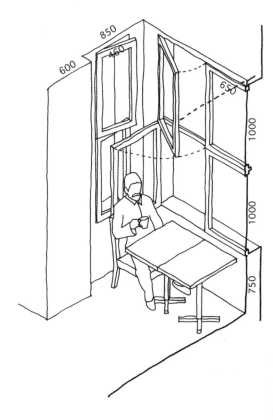

百吉饼宫咖啡馆

Simit Sarayi

Cafe / Istanbul, Turkey / Cs

伊斯坦布尔面向独立大街（Istiklal Caddesi）的二楼咖啡馆。
在凸窗内设有桌椅，顾客可以一边喝茶、一边眺望着街边景象。
馆内设有的传统飘窗（凸窗）开窗方式可让街景重复映照。正
向窗户是上下两段双开（内开）窗，侧向窗户则是上下两段单
开（内开）窗。

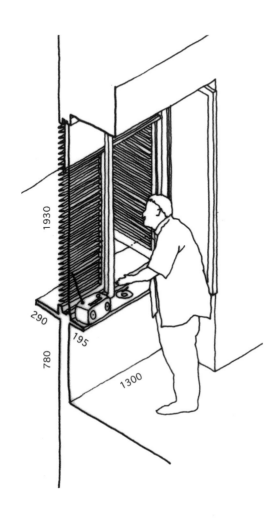

1930

290

195

780

1300

圣灵广场的住宅

Piazza dello Spirito Santo

House / Amalfi, Italy / Cs

位于意大利阿玛菲主街的建筑物的二层住宅。内侧窗是玻璃双开窗，外侧则设有威尼斯窗（百叶遮雨窗）。在窗内外之间的大理石窗台上，可让住户老人将随身物品（比如：香烟、烟灰缸、眼镜、收音机等）放在上面，同时也可让人们在窗旁随时观望街边的景象。

解救大众巷8号

Largo Soccorso 8

House / Locorotondo, Italy / Cs

意大利南部洛科罗通多的住宅。白色墙面上并列着类似边饰的对拱，在狭窄的街道中可创造出如同壁龛的空间。与一般光、影二色所润饰的街道公共空间有所不同，这里可以是汇聚着植物、让朋友们相聚交流的亲密场所。

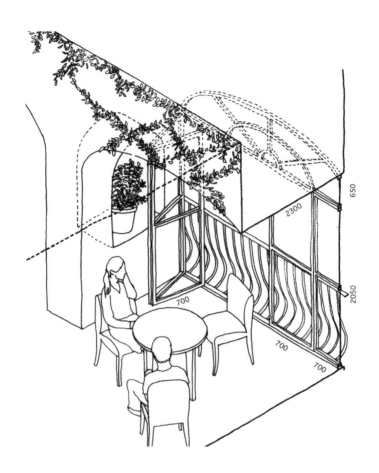

650

2300

700

2050

700

700

喜瑞纳斯旅馆

Hotel Le Sirenuse

Hotel / Positano, Italy / Cs

意大利波西塔诺的半山腰旅馆。在深邃的拱窗上部
设有固定窗，下部设有左右各两折的 4 扇玻璃折叠
窗。虽然是室内环境，但是攀附在天花穹顶上的九重
葛（Bougainvillea）植物依然能够茂盛地生长。此外，
身处这里可以有望见宽广地中海的水平感、教堂穹顶
尖塔的垂直感，以及像是雪崩般山丘街道的斜向感等，
所有感觉全部都纳入在同一个窗框的窗景之中。因此，
这些特征可共同创造出梦幻般的浪漫用餐环境。

伯纳德 · 鲁道夫斯基 Bernard Rudofsky

普罗奇达的整体性与建筑天堂

从意大利的那不勒斯乘船出发，约1个小时左右便可到达普罗奇达岛（Procida）。在中世纪时期这里曾经是座要塞城市，后来却演变成为约住1万人口的渔村小岛。当抵达港口的那一刹那，映在眼前的是一幢幢被涂上黄色、鲑鱼粉红色等鲜艳色彩的灰泥（Stucco）住宅。这些住宅之间皆共用墙壁，因此可并列形成宛如一道道绵长的城墙。在这里尤其引人注目之处，是被大胆地重复使用的弧拱造型。弧拱为四分之一的圆，纵向被划分成两个半弧拱，也有缺角的斧形等自由变化的形状。弧拱内设有开启方式与形状大小各不相同的窗户，部分还混杂设有白色的墙壁、分隔的楼板，以及大进深的阳台等。此外，还可见到眺望蔚蓝地中海的人们、坐在椅上专注聊天的人们、编织手工艺品的人们、隔着窗帘阅读的人们等，到处皆可见到喜欢靠着窗户与阳台的人们。因此，这个岛上的居民将自己所建造喜爱的窗边作为度过日常生活的

场所，透过窗户可以扩展自己与周围人群、公共街道等的社会关系，甚至可将这股力量再扩展到更远处的地中海或太阳等自然环境内，这些皆结合至人们的日常生活之中。

着迷于普罗奇达的伯纳德 · 鲁道夫斯基，被岛上的住民、建筑、街道、美食，以及自然等各种景象所吸引，从而设想出适合该地区的虚拟方案。在他的著作《没有建筑师的建筑》（Architecture without Architects）中，通过对于世界各地传统城镇与村庄聚落的研究，提出了地域环境原有的乡土或文化特性如何与建筑紧密结合的普遍价值建议，他的

其他著作也一贯地从文化人类学的视角阐述建筑理论。在写这本书之前，他在1938年的一期《Domus》杂志上曾经发表过一篇名为《普罗奇达岛上住宅》的文章。

"我们所需要的不是崭新的技术，而是创新的生活方式。"以这句话所阐述的设想方案虽然未能实现，但是在他的设计作品中却能够约略地理解他的理念。在生长茂密、色彩多样的草木场地内，坐落着生活机能设施完备的院落式住宅，一旁设有贴着地砖拼组成坪的小凉棚（Pergola），计划方案中精妙地描绘出每项配置与生活场景。在朝阳照耀的浴室里，男女正在沐浴；在餐厅里，围绕着餐桌的卧式餐椅（Triclinium）上，卧躺着慵懒用餐的人们，以及在周遭被驱赶来回奔跑的狗与马；在卧室里铺满垫褥的床上，蚊帐内坐卧着女孩与小鹿。当天候不佳时，设有3扇窗户深度的主人房就变成了音乐房，透过这些可汇聚阳光的窗户，可截取眺望蔚蓝地中海的景致；女子在房中弹奏着竖琴、男子也与飞马（Pegasus）在嬉戏。在起居室旁的庭院内，草坪上混杂生长着雏菊与婆婆纳属（Speedwell）等植物，不断地产生变化的天空就成了天花板，与周遭房间挂着多彩窗帘的窗户相映成趣。当夏日炎热时，防日晒就用帆布遮挡；当春秋凉爽的傍晚时分，人们就围坐在暖炉旁。这样的方案构想所描绘出的场景，宛如古罗马艺术作品中的场景再现，可称作是建筑天堂。

鲁道夫斯基藉由这个设想方案，阐述20世纪的人们应当如何进行料理、饮食、睡眠、洗浴、静坐、听音乐，以及接触自然等活动。换句话说，就是论述人们应该如何地生活。在现代主义的大量生产论与机械化作用的驱动下，已经让人们忘却了过去所拥有的丰富生活经验。建筑空间又应当如何将这些丰富的经验永续地传承下去呢？鲁道夫斯基一直反复地思索，企图让人类丰富的生活经验与建筑空间或城市环境相互地呼应结合，也就是说企图构筑一个整体框架，让人们过去所获得的宝贵生活经验能够永保延续。（金野千惠）

3.

Symphonic Poem

交 响 诗

佐拉的特征在于街道，还有街道旁的房屋和门窗。即使这些组成元素本身并不具有特殊的美或奇异珍贵，然而它却可以一点一滴地留存在你的记忆之中。佐拉的秘密犹如乐谱上的音符，当音符单独地存在时，就无法表现出曲谱上音符的变化，只有当视线目光追随一个接着一个的物象时，才能窥看出整体的样貌。

——卡尔维诺《看不见的城市》

———

在卡尔维诺的《看不见的城市》一书中，介绍了马可·波罗在旅途中驻足停留的各式各样的城市。其中以门、窗的反复排列而独具特色的城市，便是佐拉。在这段文字中描述的街道特征，是以门窗之间精巧的排列和组合方式所展现的，而不是以单独的门窗特征，但文中并没有详述这些窗户的排列方式。这些窗户的位置和顺序，被比喻成交响乐中的音符，似乎有着不可变动的精确感。这里展现着任何单体所不能创造的，城市作为集体行为的伟大。

连排之窗

Aligning Windows

窗户占墙壁的比例，其实在想象的层面上可以无限变大。然而，窗户的大小总是由下列几个因素所决定：制造（加工的难易程度）、使用（开闭的操作性）以及与身体尺度的适宜关系。所以窗户的开闭方式会被固定的几种形式所限定。正因为这些工程技术上的要求会把人的尺度作为基本单位，所以把众多人尺度的小窗户组合为一个大窗，便能应对教堂等群体尺度建筑的需求。我们希望称呼这种窗户为"连排之窗"。这些窗户开启或者关闭，会由使用者的需求而决定，所以会有全开、半开，或是朝多个方向毫无规律的开启等多种情况，反映着人们多样的状态。以现代的技术条件，用不着拆分成很多细小的零件，就可以轻易地制造出巨大的窗户。虽然有时候，太大的窗户可能会给人带来危险而压抑的感觉。但与此相对，如果将窗户用众多小单元进行拼接组合，那么每一片小玻璃会显得格外精美而亲切，再将其覆盖到整个建筑立面上，便形成风、光、与人的"行为"相互交织的，充满生命力的建筑表情。

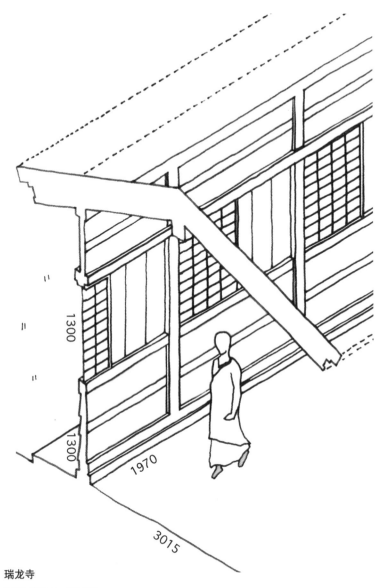

瑞龙寺

Temple / Takaoka, Japan / Cfa

位于富山县高冈市 15 世纪建造的禅宗寺院回廊。这排窗户的外侧设有板窗，内侧窗是糊纸贴合的纸格窗，以沿着总长约为 300m 的回廊边侧连排设置。因此，回廊的长边就是由 45 扇 900mm×1300mm 的窗，以及窗与窗间距为 1970mm 的尺寸重复地排列组成。如此设置，不仅可让人们感受空间的秩序变化，也可让人们认识到数学的秩序美，因而可展现出寺院内空间的韵律特性。

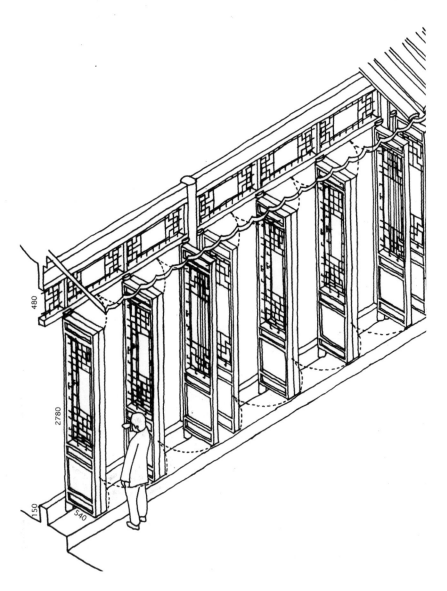

480

2780

150

540

待云庵

Awaiting Cloud Temple

Pavilion / Suzhou, China / Cfa

位于中国四大名园之一的苏州留园。在面对庭院的墙面，连续开设 9 扇双开花格落地窗。庭院内还可见到分隔庭院的白色隔墙，与朱红色的落地窗形成鲜明对比。

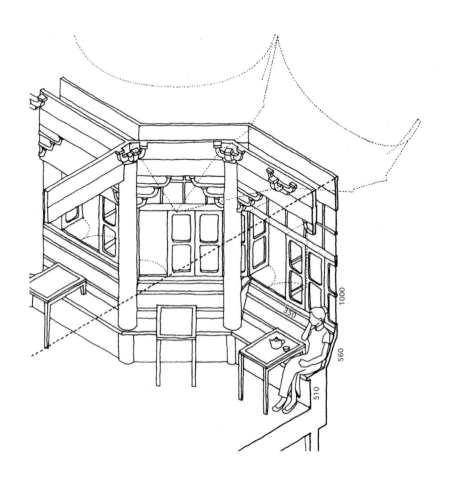

湖心亭茶馆

The Mid-lake Pavilion Tea House

Pavilion / Shanghai, China / Cw

上海豫园的茶馆。沿着曲折外墙的外开连窗旁，设有长椅、茶桌。在茶桌的4个桌脚中，有2个桌脚装设在长椅上，因此成为短桌脚。

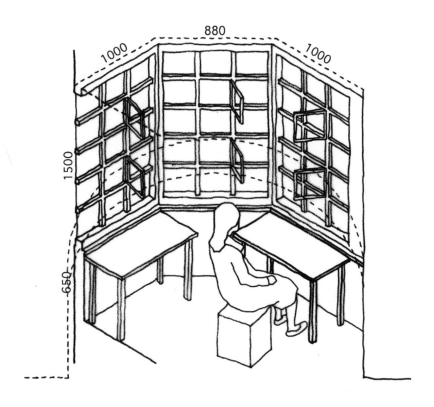

格拉斯哥艺术学院
The Glasgow School of Art
School / Glasgow, Scotland, UK / Cfb

麦金托什（Charles Rennie Mackintosh）所设计的格拉斯哥艺术学院走廊。在拱形结构墙外设有梯形飘窗，从室外来看就像是屏风样式的水平连排窗。窗面玻璃被金属窗框分割成小格状方形窗格，部分窗格可以活动开启。

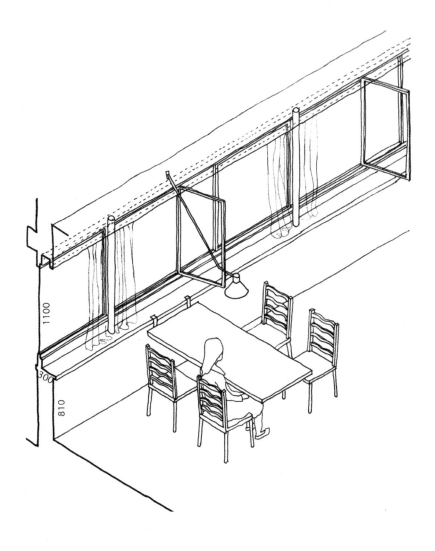

1100

300

810

湖滨别墅的起居室
Villa Le Lac Living Room
House / Vevey, Switzerland / Cfb

位于勒·柯布西耶所设计的母亲之家内。将水平连排窗的窗台设成柜台式长桌，依据身体朝向莱芒湖的方位而设计。长度从起居室开始，经过卧室到浴室约为11m，与其说这样的设计是为了与内部的房间对应，还不如说是让人们可以探出这栋小屋，使得身体尺度与湖面的水平线相互地呼应。

©FLC/SPDA

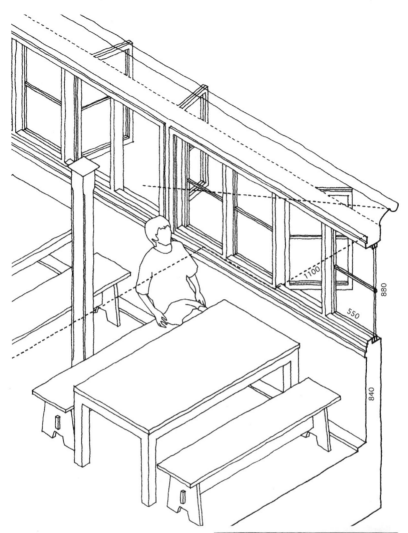

划船俱乐部

Rowing Club

Boathouse / Stockholm, Sweden / Cfc

斯德哥尔摩郊外运河旁的休息小屋。为了确保建筑的保温耐寒，将窗户设成双层双开水平连排木窗，坐在窗边可以眺望运河上过往的船只与划船的景象。室内的顶棚高度刻意设得很低，如此可让从河面反射入内的光线照亮室内。

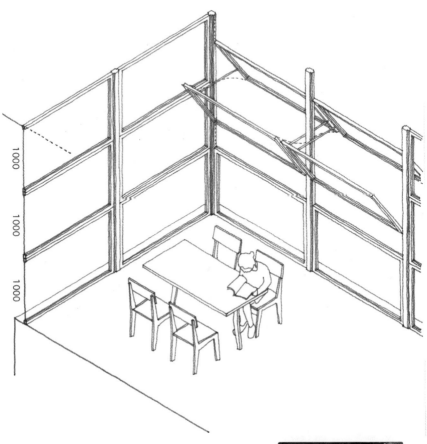

圣保罗大学

University of Sao Paulo

University / Sao Paulo, Brasil / Aw

建筑师巴蒂斯·维兰诺瓦·阿蒂加斯（João Batista Vilanova Artigas）所设计的圣保罗大学建筑与城市学院的院馆。在混凝土楼板间设计分成上下 3 段的窗户，最下段窗是固定窗，上面两段窗则是无横框、可连动开启的旋转窗。

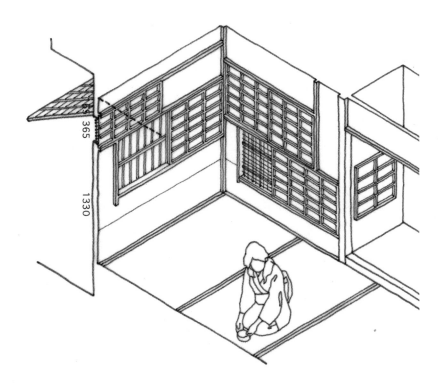

365
183
1330

春草庐

Tea Pavilion / Yokohama, Japan / Cfa

横滨三溪园内的茶室。茶室内共设有 9 扇窗，所以从前这间茶室被称作"九窗亭"。墙上以不规则方式设置下地窗（原本设在土墙上未涂装的窗）与连子窗（装设花格的窗）。当开启窗户内侧的纸窗时，就可带给处在这间小巧、寂静茶室中的人们轻快灵动的印象。

层叠之窗

Layering Windows

建筑内外的界面，通常由一道墙和打通墙体的窗户所构成。然而还有一种方式，是利用两层的墙和窗来创造具有层叠感的内外界面。我们希望称呼这种窗户为"层叠之窗"。这种窗户利用多个层次，针对性地捕捉风、光、雨、热等自然的"行为"，最终将这些层次叠加起来，形成颇具解析感的窗户。也就是说，这不仅是眺望开阔景色的窗户，而更像是为可视化风、光、热等不可见"行为"的窗户。"重叠之窗"利用各自独立的"图层"提高自身的性能，以便能细腻地调节室内的温度、湿度、明暗，也由此折射出设计师或使用者的意图。如果窗户中各层次的特征与组织方式，对应着特定的季节气候或文化习俗，那么这种"层叠之窗"，便是城市空间与社会相互对话所创造的精炼的物质载体。

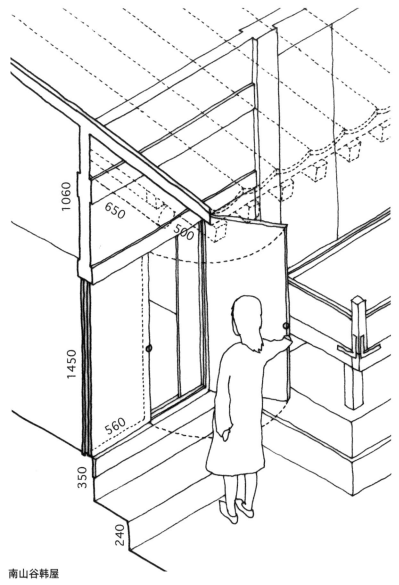

南山谷韩屋

Hanok in Namsan

House / Seoul, Korea / Dw

首尔南山谷的传统韩屋。这种被韩语称为"Dougyodajichan"的双层门窗，在室内侧设有横拉纸窗，
室外侧则设有贴着韩纸的双开窗。因此，这种窗户的构成就如同穿着多层的衣服一样。

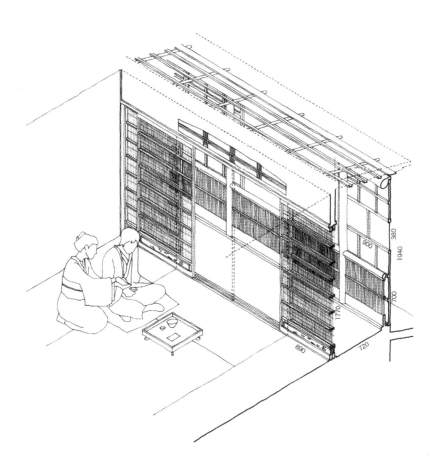

怀华楼

House / Kanazawa, Japan / Cfa

金泽茶屋街二楼的和室。从室内侧向外，分别是竹帘拉门、木地板连廊以及横拉式挡雨拉窗。在外凸屋檐所遮盖的开放环境内，层叠地设置着轻巧纤弱的多重窗户。

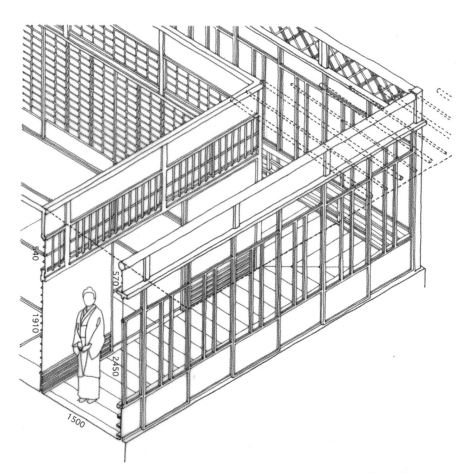

临春阁

House / Yokohama, Japan/ Cfa

横滨三溪园数寄屋茶室风格的书院样式建筑。这栋建筑在移筑迁建时，面对水池的走廊外侧装设玻璃横拉窗，走廊内侧依然维持原本的纸窗。因此，这种组合是透明与半透明材料的层叠设置方式。

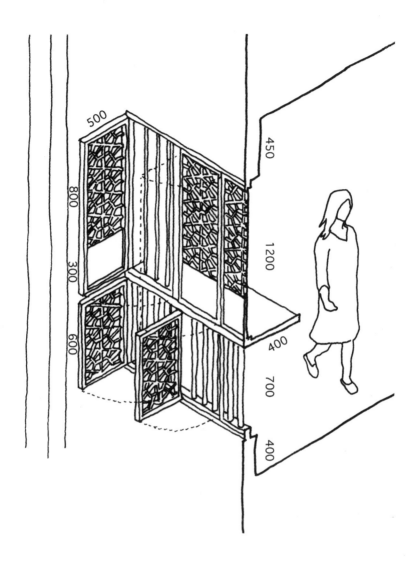

福隆新街的餐馆

Restaurant in Rua da Felicidade

Restaurant / Macau, China / Cw

澳门福隆新街的餐馆。过去这里曾经是繁华一时的红灯区，餐馆设在建筑二楼，墙上重复排列地设有透雕细工的红花格窗。花格窗分成上下 4 扇的小格窗扇。

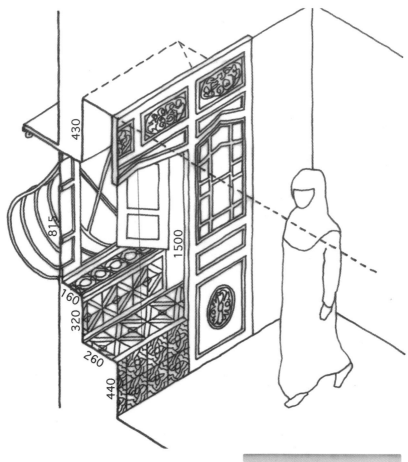

430

815

1500

160

320

260

440

西迪布塞的住宅

House in Sidi Bou Said

House / Tunis, Tunisia / Cs

突尼西亚地中海沿岸小镇西迪布塞的住宅。窗户内层是
单开（内开）木窗，外层设有木花格栅，结合构成双层窗。
木花格栅的外形为外凸的曲面，可让人们的上半身向外
伸出，以便眺望街道的景象。

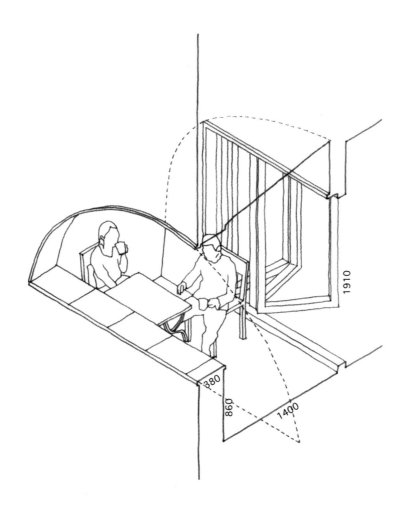

1910

380

860

1400

莱昂纳多7号住宅
Via Leonardo 7
House / Ostuni, Italy / Cs

意大利南部奥斯图尼的住宅。最顶楼层的大拱顶棚窗口上，设有玻璃板窗。当白色街道的反射光线柔和地照耀在北向阳台的拱顶时，可反衬出与蓝天形成鲜明颜色对比的色彩。窗边安放着贴有瓷砖的桌子，坐在窗边的人们的视线就可越过白色的街道，眺望远处的亚得里亚海，以及邻近的橄榄园。

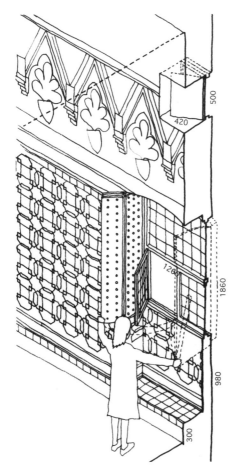

达万扎蒂宫的寝宫
Palazzo Davanzati Bedroom
Palazzo / Florence, Italy / Cs

意大利佛罗萨达万扎蒂宫中的寝宫。拱形木窗的外窗分成
上下两段，上段装设固定窗、下段设为双开窗。内窗则装设
可折叠3折的双开折窗，可便于调节窗板开启的程度。

©Museum of Palazzo Davanzati

工厂业主联合会总部
Millowner's Association Building
Office & Public Hall / Ahmedabad, India / Am

位于印度艾哈迈达巴德，由建筑师勒·柯布西耶所设计的工厂业主联合会总部。建筑外墙为了遮挡
夕阳，而将遮阳格栅板墙设置成倾斜的角度。在板墙内间隙的植栽区段后侧，设有区隔室内外空间
的固定玻璃窗。过去，在竖立木框的细长板框（竖框）部位均设有自然通风小窗。而今，在部分玻
璃窗上安装了空调以替代自然通风。

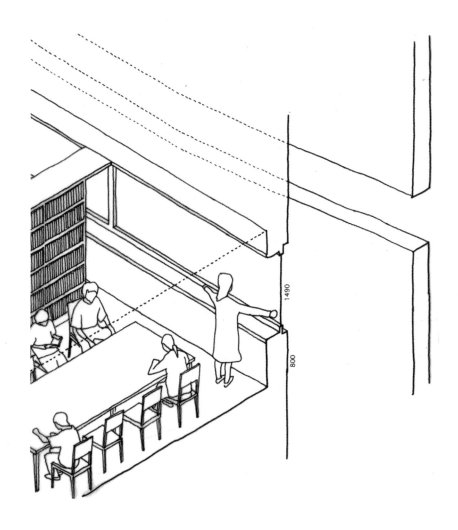

1490

800

阿威罗大学图书馆
Library of Aveiro University

Library / Aveiro, Portugal / Cs

位于葡萄牙由建筑师阿尔瓦罗·西扎（Alvaro Siza）所设计的阿威罗大学图书馆。方案中设有长度约为7m的水平连窗，跨越设在被书架所区隔的两个阅览空间边墙上。在窗外的弧形曲墙上并设有水平缝口，透过缝口可让周边的风景渗入装饰着窗景。

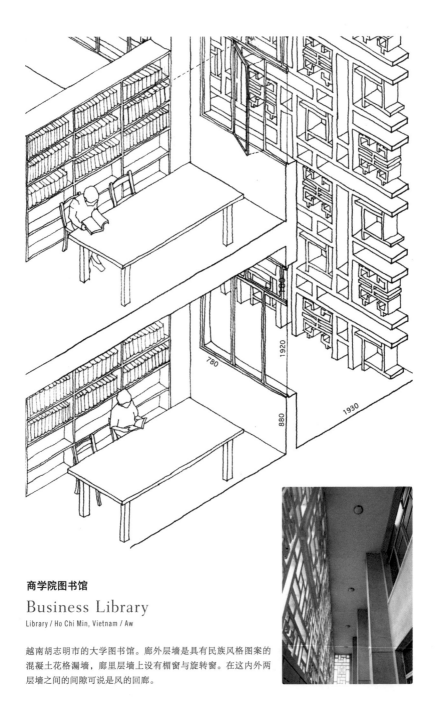

商学院图书馆
Business Library
Library / Ho Chi Min, Vietnam / Aw

越南胡志明市的大学图书馆。廊外层墙是具有民族风格图案的
混凝土花格漏墙，廊里层墙上设有棚窗与旋转窗。在这内外两
层墙之间的间隙可说是风的回廊。

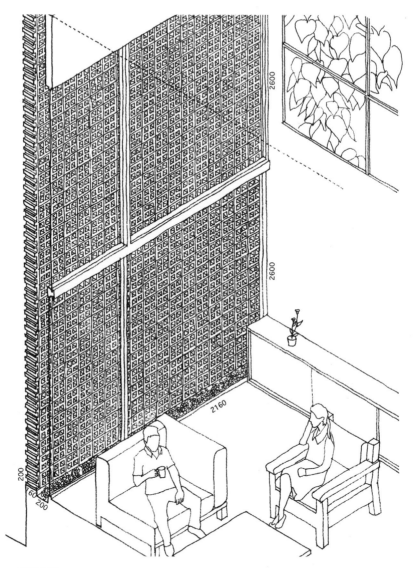

狩猎之屋
Safari Roof House

House / Kuala Lumpur, Malaysia / Af

位于马来西亚吉隆坡郊外，由建筑师凯文·马克·罗（Kevin Mark Low）所设计的住宅。外墙是小开口的混凝土花格砖幕墙，既可遮阳、又可通风，幕墙外侧几乎被常春藤类的植物爬满覆盖。

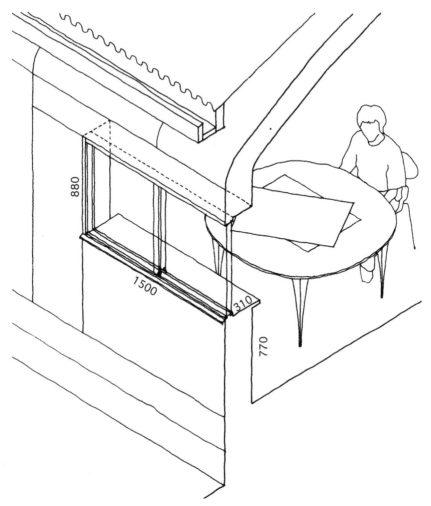

拉夫·厄斯金的住宅兼办公室

Ralph Erskine Home and Office

Home and Office / Stockholm, Sweden / Cfc

位于斯德哥尔摩郊外，由建筑师拉夫·厄斯金（Ralph Erskine）所设计的住宅兼办公室内的窗户。为了能保温耐寒，而设置双层横拉窗。然而，在窗板片上未装设窗板边框，而是将玻璃板片直接嵌入窗轨槽框中，使得这扇窗户有着更佳的超越透明性的轻巧感。在窗户的两片玻璃层叠部位，采用金属零件固定，以确保窗户的气密性。

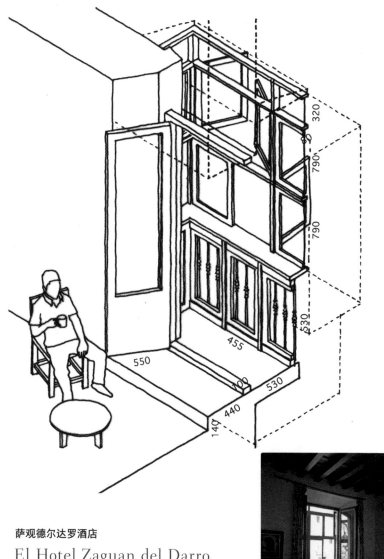

萨观德尔达罗酒店
El Hotel Zaguan del Darro
Hotel / Granada, Spain / Cs

在西班牙的格拉纳达，大多数的建筑物上都可见到这种被称
作阳台窗（Balcon）的凸窗。这间酒店的部分阳台窗是从外
侧罩入，与原本的窗户并设成双层窗，而成为进深不大的日
光间。

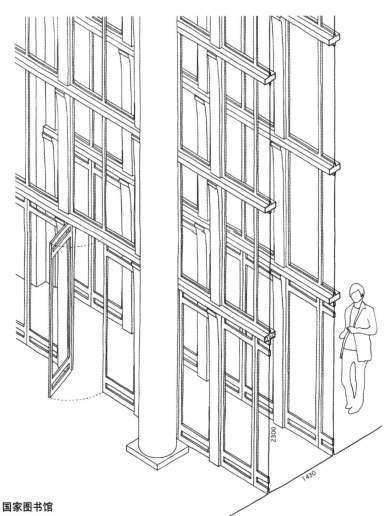

国家图书馆
National Library

Library / Ljubljana, Slovenia / Cfb

位于斯洛文尼亚的卢布尔雅那，由建筑师荷西·普列切尼克（Jože Plečnik）所设计的国家图书馆。墙面上纵横阵列开设着双开玻璃木窗，这巨大的窗户高度跨越5层、由内外双层片窗所构成，以利于调节热湿、空气与噪声等。此外，在这片大玻璃窗所带来的不安全感、与支撑过梁的独立圆柱所产生的安定感之间，可形成对比而让人们产生紧凑密集感。

窗中之窗

Within windows

————

一扇大窗户，通常给人一种对街道非常开放的感觉。同时还有一种特征，便是可以将窗边发生的人的"行为"，从城市公共空间的角度进行定义。如果用玻璃覆盖这扇大窗户，通常会因为窗户太笨重而不便于用手开关，也就难以细腻、逐一地应对人和风、光、水等自然因素的"行为"。这种时候，如果在一扇大窗户里面嵌套各种功能不一的小窗户，便可以在不丧失整体性的情况下，适应局部的多样需求。我们希望称呼这种窗户为"窗中之窗"。在这扇大窗户里，汇集了倚坐、观景、通过等多种人的"行为"，通过大小、开启方式、朝向各异的窗户汇集在一起，针对性地调节光照或通风。也就是说，"窗中之窗"让人与自然的多样"行为"共存在了一扇大窗户里面。

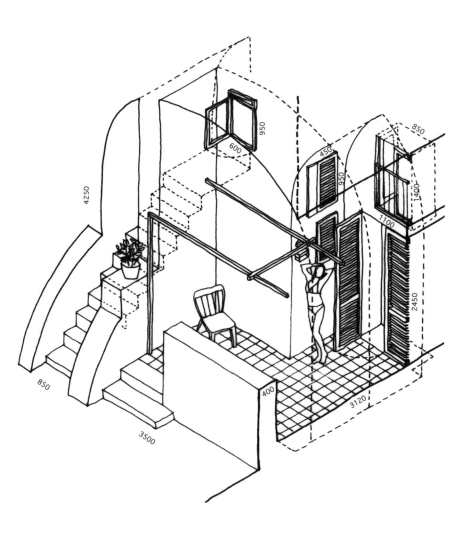

奇埃奥莱拉海湾的住宅

Marina di Chiaiolella

House / Procida, Italy / Cs

普罗奇达岛上奇埃奥莱拉村庄的聚落住宅。在住宅的正立面上开设大拱顶开口,开口内将附设淋浴器的半室外淋浴空间、面向住宅室内的开窗,以及连系楼上住户的入口楼梯,全都列入收纳。

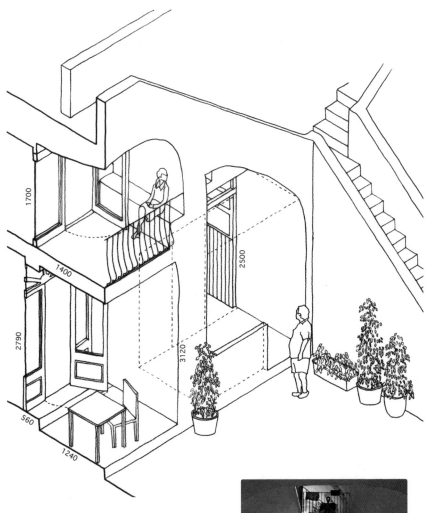

史考提路的住宅
Via M. Scotti

House / Procida, Italy / Cs

普罗奇达岛上克里奇拉（Corricella）渔村的出租住宅。
与室外楼梯结合伴随而设的大拱窗内，设有 3 个小拱
窗。其中，曾经作为船库入口的一楼拱窗是落地折窗，
当使用时可以全部开启。

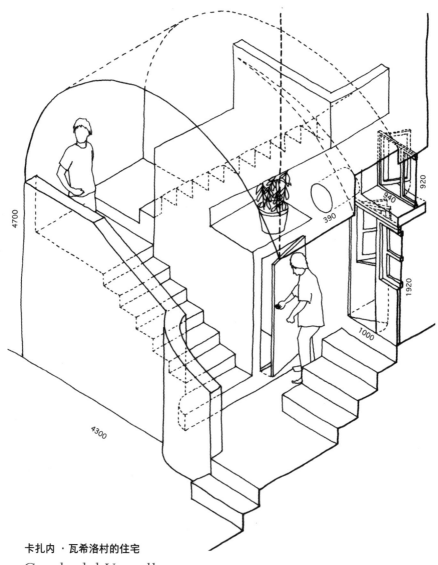

卡扎内 · 瓦希洛村的住宅

Casale del Vascello

House / Procida, Italy / Cs

普罗奇达岛上卡扎内·瓦希洛村的住宅。一二层的整个墙面设有大拱顶窗，窗内设有楼梯、门厅前的平台等各种半室外空间。与从室外街边所见到的窗口大小相比，室内所见的窗户就显得十分的窄小。

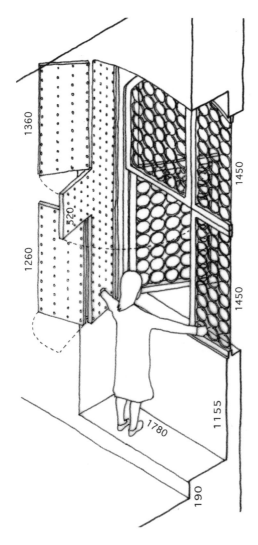

达万扎蒂宫的大厅

Palazzo Davanzati Main Hall

Palazzo / Florence, Italy / Cs

意大利佛罗伦萨的达万扎蒂宫大厅。厅旁的拱形木窗分设上下两段窗，皆为外开的双开窗。只有在吹玻璃的技术年代，才会有圆形玻璃板片通过镶铅条拼接的技术，因此可在窗户上创造出优美的几何图案。此外，较窗户大一个窗框尺寸的铁铠门可以整扇打开，也可因需求而开启位在中央上、下侧的小窗。

©Museum of Palazzo Davanzati

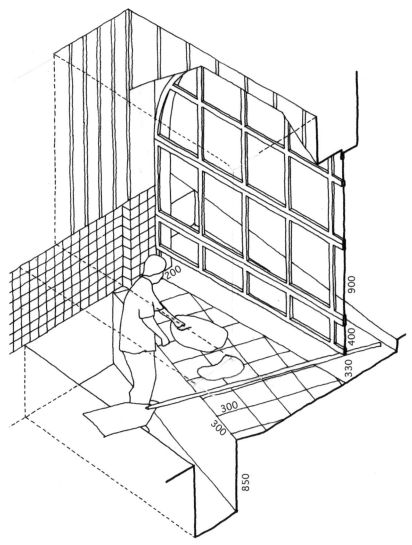

菲涅尔烘焙坊

Bakery in Fener

Bakery / Istanbul, Turkey / Cs

伊斯坦布尔的菲涅尔烘焙坊。由于作坊位在半地下空间，制作烤饼的工作台与道路同样高，因此巨大的像勺子一样的工具长柄就会外伸至人行街道上。难道这样的设置，路人不会被绊倒吗？

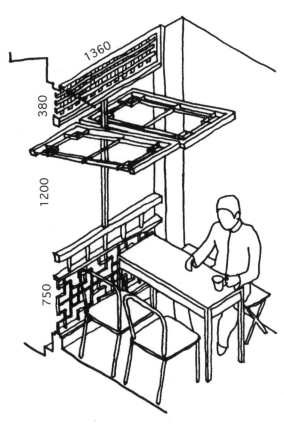

1360

380

1200

750

蓝鸟咖啡屋

Land of Nod Café

Café / Lijiang, China / Cw

中国南部城镇、丽江小溪畔的咖啡馆。在面对小溪的窗户旁，设置
桌椅。主窗户设为两扇水平轴旋转开启的花格窗，在这旋转花格窗
的上方设有花格楣窗。

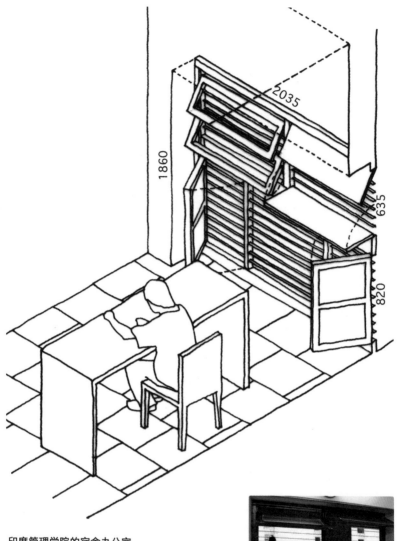

2035

1860

635

820

印度管理学院的宿舍办公室
IIM Dormitory Office
College / Ahmedabad, India / BS

位于印度艾哈迈达巴德，由建筑师路易斯·康所设计的印度管理学院办公室。在这整窗上的 5 扇窗户全被铁格栅铺盖，其中包括固定窗、单开木窗、百叶窗、上下双开的上悬窗等，这样的设计似乎可将室内人员辛勤工作的表现展示给窗外的人看。

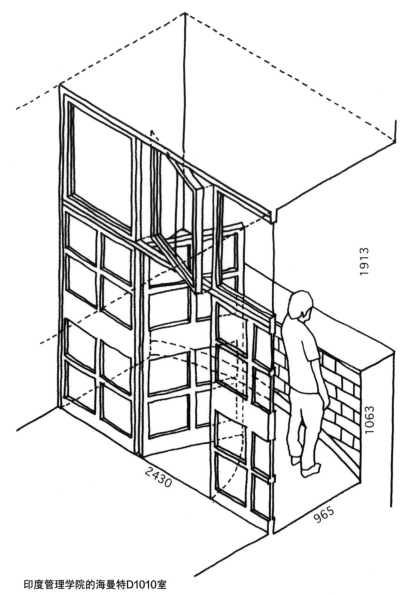

1913

1063

2430

965

印度管理学院的海曼特D1010室
IIM Hemant's Room D-1010
College Domitory / Ahmedabad, India / BS

位于印度艾哈迈达巴德，由建筑师路易斯·康所设计的印度管理学院宿舍的单人房。开口上部是纵轴旋转窗，下部设有落地双开（外开）窗。由于单人房也是学生长时间停留的学习室，为了提高房间的居住舒适度，开窗可自行根据各种需求调节。

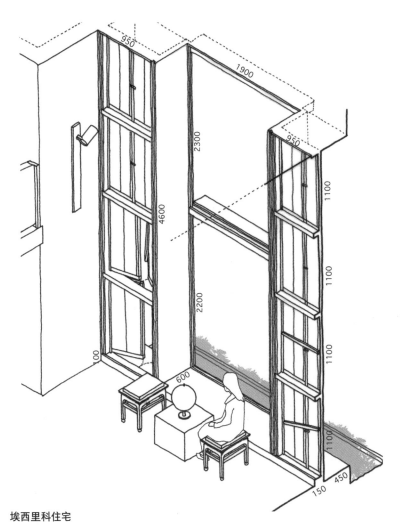

埃西里科住宅

Esherick House

House / Philadelphia, PA, USA / Cfa

位于美国宾夕法尼亚州，由路易斯·康所设计的住宅。从中央分成上下两层的固定窗用于采光与观景，在这窗的两旁设有换气窗。此外，固定式玻璃窗设在窗框外侧，换气窗设在内侧是为了防雨。由于窗户是使用制作家具的橡木材料精制而成，因此整扇窗户就如同橱柜般，可将风阻挡在室外。

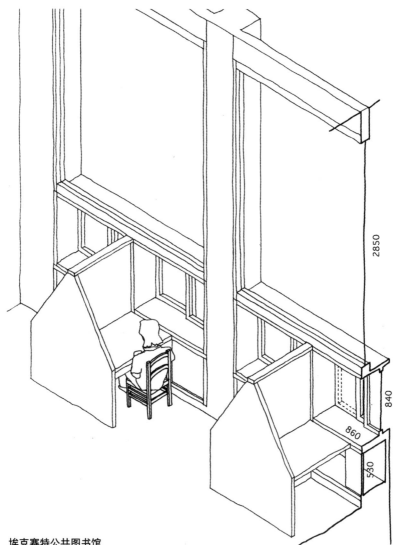

埃克赛特公共图书馆

Exeter Public Library

Library / Exeter, NH, USA / Df

位于埃克赛特，由路易斯·康所设计的图书馆。
为了对应外观如同纪念碑般的建筑立面，而在
大型的固定玻璃窗下侧设有可开启的小窗，在
窗内侧则设有个人阅览桌。

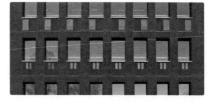

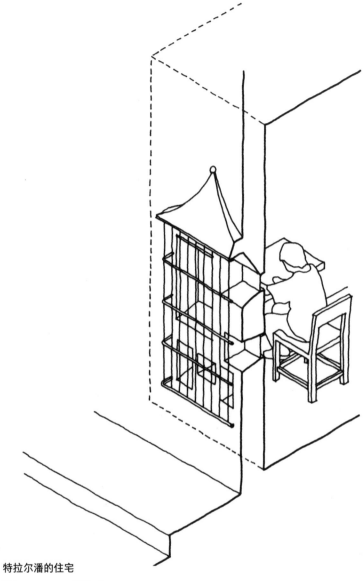

特拉尔潘的住宅

House in Tlalpan

House / Mexico City, Mexico / Aw

墨西哥城郊特拉尔潘历史地区的住宅。街区周边所见到的窗，皆由于防盗考量而加装设格栅铁窗。
同时，在这顶部为小窗檐的格窗内，可见到汇集的 6 扇小窗。

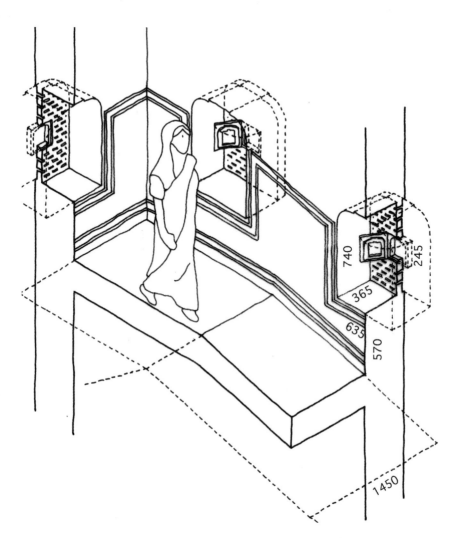

740
245
365
635
570
1450

风之宫的楼梯间
Hawa Mahal Stair Hall
Palace / Jaipur, India / BS

印度斋普尔"风之宫"的塔状楼梯间。为了配合螺旋状的环绕斜坡道，而在每一面墙上设有3扇窗户。此外，在印度语称为"Jali（石雕格板）"上，也设有龛形小木窗。因此，可将风之窗与眼之窗单独分开设置。

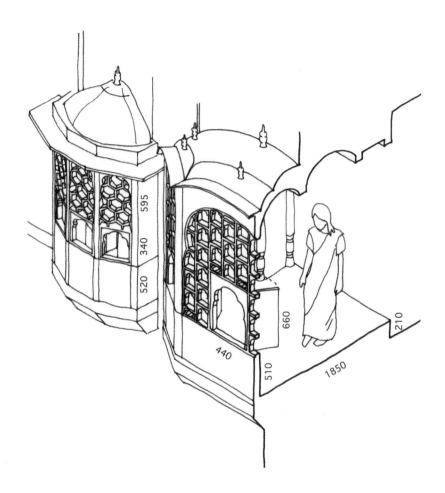

风之宫的主立面
Hawa Mahal Main Façade
Palace / Jaipur, India / BW

位于印度斋普尔皇宫的主立面。在当地由于宗教戒律，女性的外貌不能外露。因此，采用印度语称为"Jali"的石雕格板镶嵌在凸窗开口，以形成龛窗。此外，在拥有各种图案的石雕格板中央，开设着大约为人脸大小尺寸的龛形小窗，小窗里侧则设有双开木窗。

街之窗

在街道上，原本就存在着窗户。窗户由于会受到风土气候、操作性，以及施工等因素的限制，在经历了反复地使用调适后，才逐渐演变形成固有的样式。因此，即使建筑物的规模与用途不同，错列在街道两旁墙上的窗户也渐会形成某种既定的样式，街道空间也就会因这样的窗户反复地排列而形成统一。象征所处场所中各种各样生活方式的窗，相互间皆保持一定距离且聚集成群，成为街道空间中的公共性象征。因此，由于个体的参与而构成整体，人们可以运用个别独立的公共空间特性，来预测推理应有的整体情况。

温德米尔的鲍内斯镇 | 英国

可眺望温德米尔湖的湖滨大道，代表着繁荣发展的湖区街道。街道上的各家各户虽然皆拥有石质外墙，但是由于墙上反复地设有老虎窗（Dormer window）与色彩丰富的飘窗，而让这条街道上形成节奏既严肃又轻快的街景。

杜布罗夫尼克 | 克罗地亚

这是凸出于亚德里亚海，而被城墙所围绕的城市。由于城市的外向扩张受到限制，建筑物十分密集地集中在街道上，导致每栋建筑的正面宽度都很狭窄。因此，建筑物的一层皆设有被称为曲侧窗（Knee-side-window）的出入口和与展示橱窗所结合的拱形窗，且皆为连排设置。

普罗奇达 | 意大利

这是一座从那不勒斯港乘船大约 1 小时海程的地中海小岛。过去在中世纪时曾经是座要塞城市，后来变成了渔村。由于土地利用有限，因此建筑仅能沿着海边以高密度、垂直方向并列延伸。因此，面对着港湾的建筑立面就粉饰着色彩丰富的灰泥，而形成多彩的街景。位于地面层的船库并列着拱形大开口，上面各楼层也设置了拱形开口，因而构成了水平、垂直双方向拱形开口交错、层叠排列的街道景象。

斋沙梅尔｜印度

这是位于拉贾斯坦邦州（Rajasthan）塔尔沙漠（Thar Desert）中央的绿洲城市。这里曾经因为作为东西方商贸交易之路的中转城市而繁荣，后来随着苏伊士运河的开通，商贸方式从陆路转为海路，又由于巴基斯坦的独立，这里就渐渐地失去了作为重要交通枢纽的功能。然而，在今日城堡内部的街道上，仍然可见到拉吉普特族人并列设置的宅邸（Haveli），街道上还是错落重叠地使用由石雕花格铺设的龛窗，因而保留了过去美丽的街景。

伊斯坦布尔｜土耳其

作为跨越在博斯普鲁斯海峡上的土耳其重要城市，这里不仅是土耳其伊斯兰文化的城市，也是希腊人、犹太人、西欧商人等共存居住的多元文化城市，因成为东西方商贸中心而繁荣一时。由于伊斯兰教的戒律，女性不能被外面看到，因此，在这里的建筑墙上就重复地设置能从室内向外眺望的飘窗，如此也构成特殊的街景。

西塘｜中国

在此保留了众多明、清时期上海近郊水乡古镇的历史建筑。小镇的中央流淌着一条曾经运送丝绸绢料的运河，在这条静谧的河道旁，在住家错落并排的长屋檐下设置着窄窗与宽敞的凉台。

米克诺斯｜希腊

这里是漂浮在爱琴海上的小岛。在石筑的建筑物墙壁上涂着白色石灰，海边的餐厅、咖啡厅、酒吧为了能眺望海景，全都增建了木结构外廊或温室等非常舒适的小房间，这为爱琴海增添了多彩的风景。

金泽｜日本

位于加贺藩城的下街。这里是江户时代浅野川东岸发展形成的茶屋街，现在仍保存着由精致的木格花窗与雨棚、竹帘、屋檐等构成的绵连相接的街道景象。

萨拉热窝｜波斯尼亚·黑塞哥维纳

位于以6世纪以阿拉伯市场（Souq）作为原型而建设的商业区。作为以来自土耳其的商品为主进行交易的城市，现在仍可见到在制作及贩卖金属工艺品、陶瓷器具、宝石等。如此，也形成了以展示飘窗、与屋檐等相互层叠连接设置的街道景象。

调研人员与调研地

国家	调研时间	城市名称	调研人员
Japan	2007.9.8	Kanazawa	能作文德、龟井聪
	2010.8.10	Yokohama	能作文德、金野千惠、小笹泉
	2010.9.10	Takaoka	冢本由晴、能作文德、金野千惠、佐佐木启
Korea	2008.4.13-4.14	Seoul	金野千惠、森中康彰
China	2009.9.4-9.13	Shanghai	能作文德、森中康彰
		Xitang	
		Suzhou	
		Tongli	
		Hong Kong	
		Macau	
		Lijiang	
Vietnam	2009.7.12-7.16	Hochimin	山道拓人、千叶元生
		Hoi An	
Malaysia	2009.7.8-7.11	Kuala Lumpur	山道拓人、千叶元生
		Melaka	
Australia	2009.4.8-4.17	Sydney	能作文德、金野千惠、坂根 Minaho、山道拓人、宫城岛崇人
		Brisbane	
		New South Wales	
India	2008.8.8-8.15	Jaipur	冢本由晴、金野千惠、后藤弘旭
		Jaisalmer	
		Jodhpur	
		Ahmedabad	
		Mumbai	
Sri Lanka	2007.9.18-9.22	Colombo	能作文德、五十岚麻美
		Bentota	
		Nigonbo	
		Pinnawala	
Turkey	2007.9.5-9.16	Istanbul	冢本由晴、能作文德、佐佐木启
		Safranbolu	
Greece	2008.8.2	Mykonos	能作文德
Bosnia and Herzegovina	2008.7.23-7.24	Sarajevo	能作文德
		Mostar	
Croatia	2008.4.6,5.5,3.12	Zagreb	冢本由晴、能作文德
		Dubrovnik	
Slovenia	2008.8.13	Ljubljana	能作文德
Czech Republic	2007.5.14-5.16	Prague	能作文德
Austria	2007.5.17-5.18	Vienna	能作文德
Switzerland	2007.5.20-5.23	Guarda	能作文德
		Flims	
		Vevey	

国家	调研时间	城市名称	调研人员
Germany		Dessau	后藤弘旭
Finland		Espoo	山田明子、坂根 Minaho
		Saynatsalo	
Sweden		Stockholm	龟井聪、坂根 Minaho
		Stennäs	
		Klippan	
Italy	2009.8.5-8.13	Florence	冢本由晴、金野千惠、佐佐木启
		Tivoli	
		Procida	
		Positano	
		Amalfi	
	2010.9.18	Como	日高海渡
	2010.8.27	Venice	冢本由晴、能作文德、金野千惠、森中康彰、赤松慎太郎、宫城岛崇人
	2010.8.29	Ostuni	能作文德、金野千惠
	2010.8.30	Locorotondo	能作文德、金野千惠
France	2007.5.12-5.13	Paris	能作文德
		Ronchamp	千叶元生
England	2009.8.8-8.17	London	龟井聪、森中康彰、山田明子
		Glasgow	
		Bowness-on-Windermere	
		Chester	
		Bexleyhadth	
		Bibury	
Spain	2009.8.18-8.22	Granada	佐佐木启、宫城岛崇人
		Sevillia	
		Santiago de Compostela	
		Majorca	
Portugal	2009.8.24-8.28	Porto	佐佐木启、宫城岛崇人
		Aveiro	
		Amares	
Tunisia		Tunis	后藤弘旭
Mexico	2008.9.3-9.12	Mexico City	龟井聪、小笹泉
Brasil		Sao Paulo	冢本由晴
USA	2007.4.28-5.9	Philadelphia	冢本由晴、金野千惠
		Exeter	
		Mill Run	

著作权合同登记图字：01-2015-0231号

图书在版编目(CIP)数据

世界之窗 / [日]东京工业大学，冢本由晴研究室编；雷祖康，刘若琪，许天心
译. — 北京：中国建筑工业出版社，2017.9

ISBN 978-7-112-21159-3

Ⅰ.①世… Ⅱ.①东… ②冢… ③雷… ④刘… ⑤许… Ⅲ.①窗 — 建筑设
计 Ⅳ.① TU228

中国版本图书馆CIP数据核字（2017）第212061号

Window Scape - Window Behaviorology
by Tokyo Institute of Technology, Graduate School of Architecture and Building
Engineering, Tsukamoto Laboratory.

Copyright © 2010 Tokyo Institute of Technology, Graduate School of Architecture and
Building Engineering, Tsukamoto Laboratory.
All rights reserved.
Originally published in Japan by Film Art, Inc.

本书由日本国株式会社FILM ART授权我社独家翻译、出版、发行。

责任编辑：刘文昕
责任校对：李欣慰 张 颖

世界之窗

[日]东京工业大学 冢本由晴研究室 编

雷祖康 刘若琪 许天心 译

*

中国建筑工业出版社出版、发行（北京海淀三里河路9号）

各地新华书店、建筑书店经销

北京京点图文设计有限公司制版

北京富诚彩色印刷有限公司印刷

*

开本：880×1230毫米 1/32 印张：11 字数：325千字

2018年6月第一版 2018年6月第一次印刷

定价：88.00元

ISBN 978-7-112-21159-3

（27475）

版权所有 翻印必究

如有印装质量问题，可寄本社退换

（邮政编码 100037）